多媒体技术与应用

主　编　张振宇

ZHEJIANG UNIVERSITY PRESS
浙江大学出版社

图书在版编目(CIP)数据

多媒体技术与应用 / 张振宇主编. — 杭州 ：浙江
大学出版社，2019.6
ISBN 978-7-308-19167-8

Ⅰ. ①多… Ⅱ. ①张… Ⅲ. ①多媒体技术 Ⅳ.
①TP37

中国版本图书馆 CIP 数据核字(2019)第 100806 号

内容简介

　　本书主要介绍多媒体技术的基础知识，图形、图像、声音、视频、动画处理技术和多媒体作品的创作方法；内容上注重理论和实践相结合，深入浅出，图文并茂，注重基本技能的培养，可操作性强，具有较强的实用性。全书共 12 个单元，其中包括 30 个设计任务。为了方便教学和学习，本书通过二维码、网站、网盘等新形态免费提供多媒体学习和素材资源。

　　本书适合作为高等院校、高职高专院校相关课程的教材，也可作为各类培训班的教材或参考书。

多媒体技术与应用

张振宇　主编

责任编辑	吴昌雷
责任校对	刘　郡
封面设计	北京春天
出版发行	浙江大学出版社
	（杭州市天目山路 148 号　邮政编码 310007）
	（网址：http://www.zjupress.com）
排　　版	杭州林智广告有限公司
印　　刷	杭州高腾印务有限公司
开　　本	787mm×1092mm　1/16
印　　张	13.5
字　　数	329 千
版 印 次	2019 年 6 月第 1 版　2019 年 6 月第 1 次印刷
书　　号	ISBN 978-7-308-19167-8
定　　价	42.00 元

前　言

多媒体技术是计算机应用的一个重要领域,已经渗透到社会的各个方面,正在发挥着巨大作用。它从另一个角度推动了计算机的应用和发展。

本书从高等职业教育的实际出发,采用"任务驱动式"进行内容的组织,注重应用性、先进性和创造性,重点介绍多媒体信息的采集与处理方法,以及多媒体作品的创作过程。全书共12个单元,单元1主要介绍多媒体技术基础知识,使读者对多媒体技术有一个系统的感性认识,并通过多媒体数据的种类及采集等内容的介绍引出多媒体数据的处理和多媒体作品的制作;单元2至单元12主要介绍多媒体数据处理和多媒体作品的制作,其中单元2和单元3介绍 Photoshop CC 在图像处理中的应用,单元4和单元5介绍 Premiere Pro CC 在声音、视频处理中的应用,单元6至单元12介绍 Flash CC 在动画制作中的应用。

本书从技能培养入手,重点训练学生的操作能力,在编写理念上体现认知规律性、内容系统性、结构逻辑性和知识新颖性4个原则。全书共设计了37个教学任务,其中30个多媒体数据处理任务的设计打破了传统的从软件工具使用出发介绍软件的做法,而是从工作任务的角度进行编排设计。每个制作任务都设计了任务描述、知识准备和任务实施三个部分,大部分制作任务还配有拓展知识,以进一步体现"任务驱动"的设计思想,使学生在制作多媒体作品的过程中体会到各种软件工具的使用,再通过知识准备的学习和任务实施加深对技能的理解和掌握,最后达到熟练应用的目的。任务设计教中有做、做中有学,通过"教、学、做一体化"的训练方法激发学生的学习兴趣,体现"以学生为中心"的现代教育理念。每个单元的习题均设计了多媒体作品操作题,使学生能够充分发挥自己的想象力和创新意识,促使学生不断学习新知识,掌握新技术。

为方便读者学习,本书配有多媒体课件,以及完成设计任务所需的素材、源文件和课外作业等学习资料,读者可通过邮件向责编索取(Eamil:changlei_wu@zju.edu.cn)。同时,本书还设计了知识和技术处理的演示视频,读者可以通过扫描二维码进行浏览。

本书由张振宇任主编,在编写过程中得到了杨恒、陈希球、陈天颖、苏萍、潘红艳、蔡幸波、于华、范敬等同志的大力支持,在此表示感谢。

由于多媒体技术是一门新学科,新方法、新技术不断涌现,加之编者水平有限,书中难免存在疏漏之处,敬请广大读者批评指正。

目　录

走进多媒体世界

知识教学目标

- 掌握多媒体技术的应用领域；
- 掌握常用的多媒体处理软件和多媒体创作软件；
- 理解多媒体的定义、类型和主要特性；
- 了解多媒体的发展历史、发展现状和未来的发展趋势。

技能培养目标

- 能使用 Windows 自带的录音机录制声音文件；
- 能在网上查阅多媒体相关资料；
- 能上网下载多媒体素材。

任务 1.1 初识多媒体

1.1.1 多媒体的定义

在了解"多媒体"这个概念之前，先要了解一下媒体。在多媒体技术中，媒体(Media)是一个重要的概念。什么是媒体呢？媒体是信息表示和传输的载体。它具有两层含义：一层含义是指信息的物理载体(即信息的存储和传递的实体)，如书本、挂图、磁盘、光盘、磁带以及一些相关的播放设备等；另一层含义是指信息的表现形式(或称传播形式)，如文字、图形图像、视频、音频和动画等。在多媒体技术中所说的媒体，通常是指后者。那么什么是多媒体呢？到目前为止，尚没有严格的多媒体定义。1990 年 2 月，Lippincott 和 Robinson 在 *Byte* 杂志上发表文章，给出了不太严格的定义，归纳为：计算机交互式综合处理多媒体信息——文本、图形、图像和声音，使多种信息建立逻辑连接集成为一个系统并具有交互性。由此可知，多媒体被定义为一个具有交互性的集成系统——多媒体系统。目前人们比较认同的观点是：多媒体是指能够同时获取、处理、编辑、存储和显示两个及以上不同类型信息媒体的技术。这些信息媒体包括文字、声音、图形、图像、动画和活动影像等。今天我们之所以拥有处理多媒体信息的能力，使"多媒体"成为一种现实，是因为计算机技术和数字信息处理技术的飞速发展。因此,现在所谓的"多媒体"并不是指多媒体本身,而主要是指处理和应用多媒体的一整套技术系统。

综上所述,可以这样理解多媒体的概念:多媒体是指多种媒体(文本、图形、图像、动画和声音等)的有机组合,通过计算机可对其进行综合处理和控制,能支持完成一系列交互式操作。

其中,特别强调以下几点:

(1) 多种媒体的有机组合是指各种媒体之间要有一定的内在逻辑关系,并不是多种媒体的简单复合。

(2) 要以计算机为中心,因为多媒体技术本身是基于计算机技术基础的。

(3) 具有一定的交互性,强调人在信息传递过程中的主动性和人机之间的交互性。

1.1.2　多媒体的类型

现代科技的发展大大地方便了人与人之间的交流与沟通,也给媒体赋予了许多新的内涵。国际电报电话咨询委员会[CCITT,已被国际电信联盟(ITU)取代]曾对媒体做了如下分类。

1. 感觉媒体

感觉媒体(Perception Medium)指能直接作用于人的感官,使人能直接产生感觉的一类媒体,如语言、音乐、自然界的各种声音、图形、图像、动画、文字和符号等都属于感觉媒体。

2. 表示媒体

表示媒体(Representation Medium)是为了加工、处理和传输感觉媒体而人为研究构造出来的一种媒体。此种媒体的作用是可以更加有效地存储、加工和处理感觉媒体,以便将感觉媒体从一地传送到另一地,如语言编码、电报码和条形码等。

3. 显示(表现)媒体

显示(表现)媒体(Presentation Medium)是用于通信中,使电信号和感觉媒体之间产生转换所用的媒体,如键盘、鼠标、显示器、打印机、话筒和扫描仪等。

4. 存储媒体

存储媒体(Storage Media)是用于存放表示媒体(感觉媒体转换后的代码等数据),以便计算机随时处理、加工和调用信息编码,如硬盘、优盘、软盘、光盘等。

5. 传输媒体

传输媒体(Transmission Medium)是用于将媒体从一处传送到另一处的物理载体,它是通信的信息载体,如同轴电缆、光纤和电话线等。

但在多媒体技术中,我们所说的媒体一般是指感觉媒体。

1.1.3　多媒体技术的主要特性

多媒体技术具有以下 5 个主要特征。

1. 集成性

集成性包含两方面:一方面是指对各种媒体信息的集成,即对文字、图形、图像、视频、动画和声音等多种形式信息的集成,从而实现信息存储和表现的多样化和多维化,多角度刺激人的感觉器官,提高信息的传播效果;另一方面是指对显示(表现)媒体设备的集成,即通过计算机把各种物理媒介,如音响、摄像机、录像机、激光唱片机和电视等各种通信技术设备结合为一体。

2．交互性

交互性是指用户可以与计算机实现复合媒体处理的双向性,它是多媒体的重要标志之一,没有交互性的系统就不是多媒体系统。交互性具有两层含义:一是指多媒体计算机利用图形交互界面、窗口技术以及屏幕触摸等方式,使人们能通过十分友好的人机交互界面来操纵、控制多媒体信息的处理和显示;二是指多媒体技术为用户提供了视觉、听觉和触觉等多种交互手段。

3．实时性

实时性是指当操作人员给出操作命令时,相应的多媒体信息都能够得到实时控制。

4．控制性

多媒体计算机技术以计算机为中心,综合处理和控制多媒体信息,并按人们的要求以多种媒体形式表现出来,同时作用于人的多种感官。

5．非线性

多媒体技术的特征还包括非线性,它改变人们传统循序性的信息模式,借助超文本链接的方式,把内容以一种更灵活、更具变化的方式呈现给用户。用户可以按照自己的阅读方式去接受信息,充分发挥用户的主动性。

多媒体与传统媒体相比较,其主要区别在于以下两点:

(1)传统媒体处理的信息基本上是模拟信号,而多媒体所处理的信息都是数字化信号。

(2)传统媒体只能让人们被动地接受信息,而多媒体则提供一个友好交互界面,让人们在接受信息时进行主动交互。

任务 1.2 了解多媒体技术的应用领域

随着多媒体技术的飞速发展,多媒体计算机已经和人们朝夕相伴。作为一种新型媒体,多媒体正使人们的学习方式、工作方式和生活方式产生巨大的变化。随着计算机的全面普及,多媒体已逐渐渗透到各个领域。在文化教育、技术培训、电子图书、旅游娱乐、商业及家庭等方面,已如潮水般地出现了大量以多媒体技术为核心的多媒体产品,且备受用户的欢迎。多媒体之所以能博得用户如此厚爱,其原因是它能使图片、动画、视频片段、音乐以及解说等多种媒体统一为有机体,将内容生动地展现给用户,并使用户自始至终处于主导地位,更接近人们自然的信息交流方式和心理需求。

1．教育领域

目前在国内,多媒体在教育领域中的应用才刚刚起步,这是一个大有可为的领域。学校的教师通过多媒体可以非常形象、直观、生动、活泼地讲述清楚一些难于描述的内容,而且学生也可以更形象地去理解和掌握相应的教学内容。学生还可以通过多媒体进行自学、自考等。教育领域是最适合用多媒体进行辅助教学的领域。多媒体的辅助和参与将使教育产生一场质的革命,其对教育的影响体现在教材、教学模式、教育观念、教育机构、教育工作、远距离教育等方面。

2. 商业应用

在商业和公共服务中,多媒体正扮演着一个重要的角色。互动多媒体正越来越多地承担着向客户、职员和大众发布信息的任务。它以一种新方式来进行传达信息和销售等活动,同时还能提高机构办事效率和用户的使用乐趣。我们可以在越来越多的地方,如商场导购系统、电子商场、网上购物和辅助设计等领域应用多媒体技术。

3. 家庭娱乐

在现代家庭中,人们随处可见多媒体的应用痕迹,如家庭电子影集、家庭影院、游戏和电子旅游等。利用多媒体,人们不仅可以记录美好难忘的瞬间,把事情的全过程制作成CD-ROM(只读碟),以便作为自己美好的回忆,还可以使用电子游戏来丰富生活,提高智力,体验各种人生的乐趣。

4. 网络通信

随着网络的不断发展与健全,多媒体在网络中的应用已悄然兴起,让用户不出家门就能享受多媒体给他们带来的方便。如以多媒体为主体的综合医疗信息系统,可以使大众在千里之遥享受到名医为自己精心诊断,充分改善了大众的医疗状况。再如视频会议系统,可以使广大异地与会者在繁忙工作中准时出席,通过摄像头、监视器等多媒体技术,让每一个与会者具有身临其境的感觉。还有视频点播(VOD)系统、视频购物系统等服务系统,它们的发展前景也是相当乐观的。当然,随着互联网的普及和电话线路带宽的改进,多媒体技术在互联网上越来越普及,一个有声音、动态的页面比静态的只有文字和图片的页面更能引起网民的注意,更具吸引力。

5. 计算机支持协作系统

1) 计算机支持协作学习

这是基于网络多媒体进行的群体或小组形式的学习,强调通过网络和计算机支持学者与同伴之间的交互活动。学者可以突破地域和时间限制,与同伴进行互教、讨论交流、课外活动或协作完成某一课题等。目前,许多学校已建立自己的校园网和计算机网络教室,为计算机支持协作学习提供了实现条件。

2) 计算机支持协同工作

计算机支持的协同工作是指在网络上利用计算机支持群体成员间进行协同工作,以共同完成某项任务,并为他们提供一个共享环境的界面。多媒体通信技术和分布式计算机技术相结合所组成的分布式多媒体计算机系统能够支持远程协同工作,其环境支持用户存在时间和空间的差异,工作者之间的交互可以同步进行,也可以异步进行。如各医学专家通过计算机支持协作系统异地会诊,科研专家通过计算机支持协作系统共同做课题研究等。协同工作关系见表1.1。

初识多媒体教学视频

表 1.1　协同工作关系

地点方面	时间方面	
	同时(Same Time)	异时(Different Time)
同地(Same Place)	集中式,在线式,通常是面对面并在同一地点中进行的交互	异步对话,通常是同一地点不同时间的交互
异地(Different Place)	同步分布式,通常是通过计算机网络进行远程实时的交互	异步分布式,通常是通过电子邮件等因特网手段的交互

任务 1.3　了解多媒体技术的发展过程

多媒体计算机是一个不断发展与完善的系统,在不同历史时期,其特定的含义也不一样。随着微电子和数字化技术的进一步发展,多媒体又被赋予许多新的内涵。下面来介绍一下多媒体技术发展的全过程。

1.3.1　多媒体技术的发展历史

多媒体技术在 X86 时代初露端倪,如果真的要从硬件上来印证多媒体技术全面发展的时间的话,准确地说应该是在个人计算机(PC)上第一块声卡出现后。在没有声卡之前,显卡就已经出现,至少显示芯片已经出现了。显示芯片的出现自然标志着计算机已经初具处理图像的能力,但是这不能说明当时的计算机可以发展多媒体技术。20 世纪 80 年代声卡的出现,不仅标志着计算机具备了音频处理能力,也标志着计算机的发展终于进入了一个崭新的阶段——多媒体技术发展阶段。

1984 年美国 Apple 公司在研制 Macintosh 计算机时,创造性地使用了位映射(Bitmap)、窗口(Window)和图标(Icon)等技术。这些技术跨越式地增加了计算机的图形处理功能,很大程度上改善了人机交互界面,备受用户欢迎。与此同时,鼠标问世并成为实现人机交互的纽带。

1985 年,微软(Microsoft)公司推出了 Windows 系统,它是一个多层窗口多任务的图形操作系统,为实现人机友好交互提供了环境。同年,美国 Commodore 公司推出了世界上第一台多媒体计算机 Amiga。

1986 年,荷兰飞利浦(Philips)公司和日本的索尼(Sony)公司联合推出了 CD-I(交互式紧凑光盘系统),同时公布了该系统所采用的 CD-ROM 光盘的数据格式。这对大容量存储设备光盘的发展产生了巨大的影响,并通过国际标准化组织(ISO)认可成为国际标准,是集文字、图像、声音和视频等高质量数字化媒体为一体的多媒体系统。

1988 年,运动图像专家组(Moving Picture Expert Group,MPEG)的建立又对多媒体技术的发展起到了推波助澜的作用。进入 20 世纪 90 年代后,随着硬件技术的提高,自 80486 微处理器推出以后,多媒体时代终于到来。

自 20 世纪 80 年代之后,多媒体技术发展之快可谓是让人惊叹不已。不过,无论在技术上多么复杂,在发展上多么混乱,但是似乎有两条主线可循:一条是视频技术的发展;

另一条是音频技术的发展。从 AVI 出现开始,视频技术进入了蓬勃发展时期。这个时期内的三次高潮主导者分别是 AVI、Stream(流格式)以及 MPEG。AVI 的出现无异于为计算机视频存储奠定了一个标准,而 Stream 使得网络传播视频成了非常轻松的事情,MPEG 则是将计算机视频应用进行了最大化的普及。而音频技术的发展大致经历了两个阶段:一个是以单机为主的 WAV 和 MIDI 阶段;一个就是随后出现的形形色色的网络音乐压缩技术的阶段。

20 世纪 90 年代以后,专家相继对多媒体工具、媒体同步、超媒体、视频应用、压缩与编码和通信协议等技术做了广泛的研究与攻关。

从 PC 喇叭到创新声卡,再到目前丰富的多媒体应用,多媒体正在改变我们生活的方方面面,逐步走进千家万户。

1.3.2　多媒体技术发展现状和技术特点

1. 多媒体技术的发展现状

多媒体计算机技术是面向三维图形、环绕立体声、彩色和全屏幕运动画面的处理技术。而数字计算机面临的是数值、文字、语言、音乐、图形、图像、动画视频等多种媒体的问题,它承载着由模拟量转化成数字量信息的吞吐、存储和运输。数字化了的视频和音频信号的数量之大是非常惊人的,它给存储器的存储容量,通信干线的信道传输率以及计算机的速度都增加了极大的压力,特别是近年来虚拟现实(VR)技术的应用使这个矛盾更加突出。要解决这一问题,单纯用扩大存储器容量,增加通信干线的传输率的办法是不现实的。网络、有线、无线通信系统的迅猛发展,交互式计算机和交互性电视技术的普遍应用,以及视频、音频数据综合服务等应用的发展趋势,对计算机多媒体数据压缩编码、解码技术及其遵循的标准提出了更多、更高的要求。同时,由于信息的种类也愈趋丰富,例如静态图像、图形、3D 模型、音频、视频以及最普遍的多媒体数据等,面对海量的多媒体信息,传统的基于关键词或文本的检索方法已不能满足人们对于多媒体信息获取的需求,对多媒体信息进行组织、建库,达到快速、有效的检索,成为信息时代人们亟待解决的问题。MPEG-7正是在这种背景下应运而生的。

2. 现代多媒体技术的技术特点

(1)多样性。它是指计算机所能处理的范围从单一传统的数值、文字、静止图像,扩展到文本、图形、图像、动画、音频和视频影像等多种信息。

(2)交互性。它是多媒体技术最重要的特性之一,即与用户能有人机对话交互作用。用户可以操纵和控制多媒体信息,能自由获取和使用信息,借助这种人机对话方式沟通和学习,从而达到解决实际问题的目的。

(3)集成性。它是指计算机能以多种不同的信息形式综合地表现某个内容。多媒体技术是建立在数字处理的基础上,而将文字、声音、图形、图像、动画、音频和视频等多种媒体集于一体的应用,具有多种技术的系统集成性,基本上包含了当今计算机领域内最新的软、硬件技术。

1.3.3　多媒体未来的发展趋势

世界正迈向数字化、网络化、全球一体化的信息时代,信息技术将渗透到人类社会的方方面面,其中网络技术和多媒体技术是促进信息社会全面发展的关键技术。在以互联网(Internet)为代表的通信网上提供的多种多媒体业务会给信息社会带来深远影响,同时令多台异地互联的多媒体计算机协同工作,更好地实现信息共享,提高工作效率,这种协同工作环境代表了多媒体应用的发展趋势。

1）多媒体的网络发展趋势

多媒体技术的发展将使多媒体计算机形成更完善的计算机支撑的协同工作环境,消除空间距离和时间距离的障碍,为人类提供更完善的信息服务。交互的、动态的多媒体技术能够在网络环境创建出更加生动逼真的二维与三维场景。多媒体交互技术的发展,使多媒体技术在模式识别、全息图像、自然语言理解和新的传感技术等基础上,利用人的多种感觉通道和动作通道,通过数据手套和跟踪手语信息,提取特定人的面部特征,合成面部动作和表情,以并行和非常精确的方式与计算机系统进行交互。

2）多媒体技术的部件化、智能化和嵌入化发展趋势

目前多媒体计算机硬件体系结构,多媒体计算机的视频、音频接口软件不断改进,尤其是采用了体系结构设计和软件、算法相结合的方案,使多媒体计算机的性能指标进一步提高。但要满足多媒体的网络化环境的要求,还需要对软件做进一步的开发和研究,使其具有更高的部件化和智能化。嵌入式多媒体系统可应用在人们生活与工作的各个方面,如工业控制和商业管理领域,以及医疗类电子设备、多媒体手机、掌上计算机等领域。

任务 1.4　熟知多媒体集成工具

在多媒体应用当中,其素材主要是文本、声音、静止图像、动画和视频等种类。在制作的过程中,现存的素材不可能都令我们满意,此时就需要对其进行编辑与处理,使其尽量符合需求。那么,需要用哪些工具来处理多媒体信息呢？ 要创作出多媒体优秀作品又需要哪些工具呢？ 这正是本节所要讲的内容。下面就来对多媒体集成工具进行简单的介绍。

1.4.1　多媒体处理软件

1. 声音的处理软件

常见的声音处理软件有以下几个。

1）Windows 自带的录音机

用户可以执行如下操作启动该软件：选择"开始"→"所有程序"→"附件"→"娱乐"→"录音机"选项。这个应用程序就像一台录音机,可以将存储的声音文件播放出来,还可以对声音文件进行编辑音效,如回音、混音、插入声音片段等。当然其最常用的功能就是进行外置录音。

2）Wave Studio 软件

Wave Studio 是 Creative Labs 公司的产品,它运行在 Windows 环境下,具有易于使用的优点,是一种功能强大的应用软件。它具有录音、播放和编辑较高音质(CD 音质)波形数据的能力,配以各种特殊效果的应用,可以增强波形文件的听觉效果,如可以对声音追加反向、回音等效果。此外,它还支持对多个波形文件同时进行编辑,使编辑波形文件的过程简单化。

3) 解霸软件包

解霸是北京豪杰计算机技术有限公司开发的超级解霸软件包,其中的音频解霸和 CD 解霸两个应用软件,可以用来对声音进行处理。这两个软件的主要区别是处理的音频来源不同,音频解霸处理的是 VCD(影碟)中的音频,而 CD 解霸处理的则是光碟(CD)中的音频,其基本功能大致类似,主要功能有播放光盘中的声音,剪取一段声音,转换声音格式等。

4) WinDAC32 软件

WinDAC32 是 Windows 窗口下抓音轨的工具,其特点是速度快,且可连续抓多个音轨,还可让用户外挂 L3enc.exe 或是配合 MPEG Layer-3 Audio Codec(professional)直接将 CD 转成 MP3。

当然,声音处理软件有很多,除上述以外,还有 Goldwave、AudioEditor、Wavedit、Cool Edit、Premiere 等软件,都可以对声音进行理想的编辑操作。它们都有各自的特点,用户可以根据自己的兴趣进行选用,这里就不一一介绍了。

2. 图形图像处理软件

图像是多媒体软件中极其重要的信息表现形式之一,是决定一个多媒体软件视觉效果的关键因素。图像也是信息容量较大的一种信息表达方式,它可以将复杂和抽象的信息非常直观形象地表达出来,有助于用户理解内容、解释观念或现象,是常用的媒体元素。运用图像表述事物信息,可根据具体内容,采用客观真实的实物图,这样既可以在最短的时间内传递更多的信息,又可以使界面精致而美观。然而,并不是一切现有图像都能符合我们的需要,因此必须对其进行修改与处理,使其为己所用。图形图像处理软件有很多,下面介绍几种最为常见的图像处理软件。

1) Adobe Photoshop 软件

Photoshop 是一个具有非凡的图像修饰、图像编辑以及彩色绘图功能的软件,由美国 Adobe 公司推出,是目前世界上非常著名、应用极为广泛的图形图像处理软件之一。它提供了强大的有关图片处理的功能,是进行图像处理、创意设计的好帮手。它除了可以用来对图像进行各种编辑处理外,还可以对图像进行修补与修复;图形设计者还可以利用它来创造出许多不同的场景和作品。利用此软件所提供的多种滤镜效果、路径、蒙版与通道菜单,用户可以轻松地给图像追加各种艺术效果。另外,用户还可以执行该软件中的"图像"→"调整"命令,对那些存在曝光不足、亮度不够、严重偏色的图像进行校正。用此软件处理的图像可以保存的文件格式有 PSD、JPEG、BMP、GIF、PDF 和 PNG 等,其中 PSD 格式是 Photoshop 的标准格式。

Photoshop 作为一种优秀的图形图像处理软件,在平面设计、图像处理、艺术文字、绘画、建筑效果图后期修饰、处理三维贴图等工作领域都有广泛的应用。

2) Adobe Fireworks 软件

Fireworks 主要应用于图像处理,可与 Dreamweaver 紧密结合,将处理的图像插入 Dreamweaver 中,其处理后的图像通过切片,可被分成若干个单元图像,以便在网页浏览时快速下载。只要将 Dreamweaver 的默认图像编辑器设为 Fireworks,那么在 Fireworks 里修改的文件将立即在 Dreamweaver 里更新。Fireworks 的另一个功能是可以在同一文本框里改变单个字的颜色。当然,Fireworks 可以引用所有 Photoshop 的滤镜,并且可以直接导入

PSD 格式图片。Fireworks 用于图像处理,相当于结合了 Photoshop(处理点阵图)以及 CorelDRAW(绘制向量图)的功能。而且 Fireworks 支持网页十六进制的色彩模式,提供安全色盘的使用和转换。用户若想要切割图形,做影像对应(ImageMap)、背景透明,使图像又小又漂亮,在 Fireworks 中做起来都非常方便。用 Fireworks 修改图形也很容易,不需要再同时打开 Photoshop 和 CorelDRAW 等各类软件进行切换。

3) CorelDRAW 软件

CorelDRAW 图像软件套装是一套屡获殊荣的图形、图像编辑软件的最新版本,能精确捕捉用户的创作精髓。CorelDRAW 图像软件套装包含三个主要应用程序:一个用于矢量图及页面设计(CorelDRAW),一个用于图像编辑(Corel PHOTO‑PAINT),一个用于多媒体矢量动画设计(CorelDRAW R.A.V.E.)。这套惊人的绘图软件组合带给用户强大的交互式工具,使用户可创作出多种富于动感的特殊效果及点阵图像。用户通过简单操作就可实现即时效果,使其处理的图像具有专业效果。通过 CorelDRAW 的全方位的设计及网页功能融合到用户现有的设计方案中,用户可以亲身感受 CorelDRAW 令人难以置信的变通性。CorelDRAW 软件套装更为专业设计师及绘图爱好者提供了大量的插图、设计及图像,让用户可更出色地设计公司标志、简报、彩页、手册、产品包装、标识和网页等。CorelDRAW 绘图软件套装是 PC 设计领域的传奇。

4) Adobe Illustrator 软件

作为一款非常好的图片处理工具,Illustrator 被广泛应用于印刷出版、专业插画、多媒体图像处理和互联网页面的制作等,也可以为线稿提供较高的精度和控制,适合生产任何小型设计到大型的复杂项目。Illustrator 提供了一些相当典型的矢量图形工具,诸如三维原型工具、多边形和样条曲线工具等,提供了丰富的像素描绘功能以及顺畅灵活的矢量图编辑功能,能够快速创建设计工作流程。借助 Expression Design,可以为屏幕、网页或打印产品创建复杂的设计和图形元素。它支持许多矢量图形处理功能,拥有很多拥护者,也经历了时间的考验。Illustrator 的最大特征在于贝塞尔曲线的使用,使得操作简单、功能强大的矢量绘图成为可能。它还集成文字处理、上色等功能,不仅在插图制作,在印刷制品(如广告传单、小册子)设计制作方面也广泛使用,事实上已经成为桌面出版(DTP)业界的默认标准。

1.4.2　多媒体创作软件

1. 视频编辑软件 Adobe Premiere

对多媒体应用系统的开发者来说,将模拟视频信号进行数字化采样后,还应对视频文件进行编辑或加工,然后才能在多媒体应用系统中使用。因此,视频处理是多媒体应用系统创作过程中不可缺少的环节。目前最常用的视频处理软件就是 Adobe Premiere。Adobe Premiere 是 Adobe System 公司推出的一种专业化数字视频处理软件,它可以配合多种硬件进行视频捕获和输出,并提供各种精确的视频编辑工具,能产生电视级质量的视频文件,并能为多媒体应用系统增添精彩的创意效果。其基本功能有如下几点:

(1) 将多种媒体数据综合处理为一个视频文件。

(2) 具有多种活动图像的特技处理功能。

(3) 可以配音或叠加文字和图像。

（4）可以实时采集视频信号，采集精度取决于视频采集卡和计算机的性能，其主要的数据文件格式为 AVI。

2. 多媒体写作工具 Authorware

多媒体写作工具是用来集成、处理和统一管理文本、声音、图像、动画和视频等多种媒体信息的编辑工具。用它开发的产品大多数是卡片式结构，用户可以把产品的内容分别以图形、声音、动画、文字、视频等不同类型的媒体对象制作在一张张卡片上，然后再在这些卡片上设定一些能够使它们之间互相联系起来的按钮、菜单等交互方式，把多种媒体组合成一个有机体。在制作过程中，制作者一般无须太多程序操作，只需对多种媒体进行重组；在要用到一些程序时，只需调用，而不再要制作者亲自去编写。Authorware 是由美国 Macromedia公司（现已被 Adobe 公司收购）推出的，是当今世界最为流行的多媒体写作工具。此软件采用了面向对象的设计思想，不但极大提高了多媒体系统开发的质量与效率，而且使非专业程序设计人员进行多媒体软件产品开发成为现实。目前在许多企业、学校、软件产业开发和多媒体电子出版社等单位得到广泛应用。其版本已有 2.0、3.0、3.5、4.0、5.0、6.0 和 7.0 等多个，目前最高版本为 7.5。下面对 Authorware 做一个简要介绍。

其主要特点如下：

（1）面向对象基于图标的创作方式。Authorware 为用户提供了直观的图标控制界面和"图标流程线"方式的设计方法，利用各种图标的逻辑结构来布局，实现整个应用程序的控制过程，从而取代了复杂的编程过程。

（2）跨平台体系结构。无论在 Windows 或 Macintosh 平台上，Authorware 都提供了几乎完全相同的工作环境，使得 Authorware 成为目前少有的，可以非常方便地在这两种平台间进行移植的多媒体创作工具。

（3）强大的交互方式，丰富的变量函数。Authorware 提供了最为灵活、丰富多彩的 11种人机交互方式，使得它更加适合于交互方式的教学系统。此外，Authorware 还提供了220 多种系统变量和 300 多个系统函数，从而使开发人员在开发多媒体产品时更加得心应手。

（4）高效的多媒体集成环境。通过 Authorware 自身的多媒体管理机制，开发者可以充分利用各种格式的多种媒体信息，如可插入图片、文本、视频、声音和动画等媒体信息。另外，Authorware 提供了对内容库的管理，使庞大的多媒体数据信息独立于应用程序之外，减少了应用程序所占的空间，提高了效率。

（5）产品可以脱离开发环境运行。Authorware 的产品最终可以完全脱离开发环境而独立运行。这里提供了两种脱离方式：一是常用的将其直接制作成可在 Windows 下独立运行的可执行文件；二是将其制作成播放文件，利用 Authorware 提供的播放器播放，也可以独立运行。

（6）标准的应用程序接口。Authorware 提供了相应的标准接口，使具有各专业编程知识的开发人员可以更加充分地发挥 Authorware 的潜在功能，满足其特殊需求。

（7）结构化程序设计手段。Authorware 提供了专用的组图标。设计者可把流程线上的若干个图标打包为一组，用一个组图标表示，如此可以把整个程序划分为若干模块。同时它还提供了文件调用功能，可控制文件长度，优化程序结构。

（8）强大的超级链接。Authorware 提供了框架和导航图标,实现了强大的超级链接功能。

3. Adobe Flash 软件

Flash 是一种用于制作和编辑动画和电影的软件。用它可以制作出一种扩展名为".swf"格式的动画文件,这种文件可以插入到 HTML 文档中,也可以单独成为网页。用此软件不但能够制作出一般的动画,而且可以制作出带有背景声音,具有较强的交互性能的电影。其最大的优点是文件所占的空间小,特别有利于在网上传输。目前,它已成为网络动画的标准格式,是发布网络多媒体的首选动态网页设计工具。它还应用于交互式多媒体软件开发,不但可以在专业级的多媒体制作软件 Authorware 和 Director 中导入使用,而且还可以独立地制作多媒体演示、多媒体教学软件等,它代表着多媒体在网上发展的方向。

目前,其主要应用领域为:网页动画和网络动画广告制作,动画 MTV 制作(主要在网上传输),制作一个具有观赏性和宣传性的网页和制作多媒体作品(课件、游戏等)等。当然,有时也可以用来画图和对图像进行处理。它也是集多种媒体信息为一体的多媒体创作软件之一。

4. 3DS MAX 软件

由 Autodesk 公司推出的 3DS MAX 三维动画制作软件,其功能非常强大,在影视广告、建筑装潢、机械制造、生化研究、军事科技、医学治疗、教育娱乐、电脑游戏、抽象艺术和事故分析等专业三维动画设计及影视创作方面都有广泛应用。其标准文件格式的扩展名为".3ds",是集多种媒体信息为一体的三维平面的多媒体开发工具。

任务 1.5　学会采集图像

1.5.1　图像的基本概念

1. 图像

图像一般是指自然界中的客观景物通过某种系统的映射,使人们产生视觉感受的实物影像,如照片、图片等。在计算机中,图像是用像素点进行描述的,是一组数据的集合。有序排列的像素点表达了自然景物的形象和色彩,图像的每个像素点采用若干个二进制位进行描述,因此,图像又被称为"位图",其形式如图 1.1 所示。

图 1.1　图像

2. 图形

图形是指计算机在平面直角坐标系和空间坐标系中，通过对运算表达式进行矢量运算和对坐标数据进行描述而形成的运算结果，由具有方向和长度的矢量线段构成。图形的描述使用坐标数据、运算关系以及颜色描述数据，因此，图形又被称为"矢量图"，如图 1.2 所示。

图 1.2　图形

图像和图形除了在构成原理上的区别外，还有以下不同：

(1) 表示图像的数据量相对图形要大很多。

(2) 图像的像素点之间没有内在联系，在放大和缩小时，部分像素点数据被丢失或被重复添加，导致图像的清晰度受影响；而图形由运算关系支配，放大和缩小不会影响图形的各种特征。

(3) 图像的表现能力强，层次和色彩较丰富；图形则适合表现曲线和简单的图案。

3. 图像的描述

描述一幅图像主要有分辨率、像素深度和真/伪彩色等。

(1) 图像分辨率是指组成一幅图像的像素密度的度量方法。对同样大小的一幅图，如果组成该图的图像像素数目越多，则图像的分辨率越高，看起来就越逼真；相反，图像显得越粗糙。图像显示分辨率的单位是 dpi(Display Pixels/Inch)，即每英寸(in)(1 英寸＝2.54 厘米)显示的像素点数。例如，某图像的分辨率为 300dpi，则该图像的像素点密度为 300 个点每英寸，这就是说一幅 1 英寸×1 英寸的位图图像上共有 300×300 个像素点。为了方便计算，常用图像长和宽方向上的像素点表示图像的分辨率，如 320×240、600×600 等。dpi 的数据越大，像素点密度越高，对图像的表现力越强，图像越清晰。

(2) 度是指存储每个像素所用的位数，它也用来度量图像的分辨率。像素深度决定彩色图像的每个像素可能有的颜色数，或者确定灰度图像的每个像素可能有的灰度级数。例如，一幅彩色图像的每个像素用红、绿、蓝(R、G、B)三个分量表示，若每个分量用 8 位，那么一个像素要用 24 位表示，即像素深度为 24，每个像素可以是 $2^{24}=16777216$ 种颜色中的一种。因此，一个像素的位数越多，它能表达的颜色数目就越多，它的深度就越深。

(3) 彩色是指在组成一幅彩色图像的每个像素值中包含有各种不同的色调、亮度和饱和度。如果组成图像的每个像素值都有 R、G、B 三个基色分量，每个基色分量直接决定显示设备的基色强度，这样产生的彩色称为真彩色。

如果每个像素的颜色不是由每个基色分量的数值直接决定的，而是把像素值作为彩色查找表的表项入口地址，去查找一个显示图像时使用的 R、G、B 值，用查找出的 R、G、B 值产生的彩色称为伪彩色。

组成彩色图像的三基色按照一定比例混合，可产生无穷多的颜色，用以表达色彩丰富的图像。对于显示器来说，三基色的叠加，将产生如图 1.3 所示的色彩效果。

图 1.3 三基色的叠加

1.5.2 图像文件格式

1. BMP 文件格式

BMP 是标准的 Windows 和 OS/2 操作系统的图形图像的基本位图格式,它是一种与设备无关的图形文件格式,也是 Windows 软件推荐使用的一种格式。随着 Windows 的普及,BMP 已使用得相当广泛,Windows 的画图应用程序便以此格式存取图形文件。BMP 文件有压缩和非压缩之分,压缩方法采用行程长度编码(Run-Length Encoding,RLE),一般作为图像资源使用的 BMP 文件都是不压缩的。BMP 支持黑白图像、16 色和 256 色的彩色图像以及 RGB 真彩色图像。

2. GIF 文件格式

GIF 文件格式的全称是图形交换文件格式(Graphic Interchange Format),由 CompuServe 公司开发,目的是为了在不同的平台上进行图像交流和传输。GIF 格式是目前唯一仅使用 LZW 压缩方法的主要图像文件格式。GIF 文件压缩比较高,文件长度较小。GIF 图像有两个主要的规范,即 GIF87a 和 GIF89a 规范,后者支持图像内的多画面循环显示,可以用来制作小型的动画,现在万维网(WWW)上的许多微小动画就是用这种方法做成的。GIF 格式已成为网络上特别流行的图像文件格式之一。

3. JPG 文件格式

JPG 文件格式的最大特点是文件非常小,而且可以调整压缩比。由于 JPG 文件的压缩比很高,因此它非常适用于处理大量图像的场合,也是现在 WWW 上极其流行的图像格式之一。但它是一种有损压缩的编码格式,它以牺牲图像中某些信息为代价来换取较高的图像压缩比,一般不适合用来存储原始图像素材。

4. PCX 文件格式

PCX 文件格式是随着 Z-soft 公司著名的图形图像编辑软件 PC Paint Brush 一起公布的,常被称为 Z-soft PCX 图像文件格式。PCX 文件可以分为 3 类:各种单色 PCX 文件,不超过 16 种颜色的 PCX 文件和具有 256 色的 PCX 图像文件。PCX 格式是计算机上使用十分广泛的图像文件格式之一,绝大多数图像编辑软件,如 Photo Style、CorelDRAW 和 Windows 中的画笔等均能处理这种格式,而且各种扫描仪得到的图像均能存储为 PCX 格式的文件。PCX 文件格式使用行程长度编码(RLE/RLC)方法进行压缩,压缩比适中,压缩和解压缩速度快,适用于一般的软件。

5. TIF 文件格式

TIF 文件格式(Tagged Image File Format)是由 Adobe 和 Microsoft 公司合作开发的。TIF 格式图像的颜色可以从单色到 RGB 真彩色,其格式非常灵活,适合于所有图像应用领域。TIF 文件分成压缩和非压缩两大类,非压缩的 TIF 文件独立于软、硬件,使用较广泛,但压缩文件要复杂得多。由于非压缩的 TIF 文件具有良好的兼容性,压缩的 TIF 文件在存储时又有很大的选择余地,所以这种格式是许多图像应用软件所支持的主要文件格式之一。

6. PCD 文件格式

PCD 格式是柯达(Kodak)公司的 Photo CD 专用的存储格式,一般都存在光盘上,读取 PCD 文件要用 Kodak 公司的专门软件。由于 Photo CD 的应用非常广泛,许多图像处理软件都可以将 PCD 文件转换成其他标准图像文件。

7. WMF 文件格式

WMF 文件格式是一种比较特殊的文件格式,可以说是位图和矢量图的一种混合体,在出版领域应用十分广泛,许多剪贴图片集中的图像就是以这种格式存储的。

1.5.3　图像素材的获取途径

图像素材的获取方法主要有以下几种:

(1)使用扫描仪扫入图像。通过彩色扫描仪能够把各种印刷图像及彩色照片数字化后传送到计算机中以文件的形式存储。

(2)使用数码照相机(摄像机)拍摄图像。利用数码照相机(摄像机)将图像以文件的形式存储在数码照相机(摄像机)的存储器中,得到的图像文件可方便地调入计算机中并进行编辑和存储。这不仅省略了传统相机拍摄图像后最耗时的冲洗和扫描过程,同时也减少了扫描过程中的图像细节损失。

(3)使用摄像机拍摄图像,然后通过视频采集(捕获)卡将摄像机等视频源的视频信号实现单帧或动态捕获并存储。

(4)利用绘图软件(著名的软件有 Photoshop、Illustrator、CorelDRAW、FreeHand 等)创建图像以及通过计算机语言编程生成图像。

(5)购买图像光盘或从网上下载。目前图像数据库很多,它们内容广泛,质量精美,存储在光盘中或网上,便于用户选择、使用。

任务 1.6　学会采集音/视频

1.6.1　声音、视频的基本概念

1. 声音的基本概念

声音是通过空气传播的一种连续的波,叫声波。声音信号的三个基本参数是频率、幅度和音色。信号的频率是指信号每秒变化的次数,单位为赫兹(Hz)。人的听觉能够听到的声音频率范围是 20Hz~20kHz,因此,在多媒体技术中,处理的信号主要是音频信号,它的频率范围为 20Hz~20kHz。幅度又称为响度,即声音的大小,它取决于声波振幅的大小。音

色是由混入基音的泛音所决定的,每个基音又都有其固有的频率和不同音强的泛音,从而使得每个声音具有特殊的音色效果。

声音进入计算机的第一步是数字化,数字化实际上就是采样和量化。连续时间的离散化通过采样来实现;连续幅度的离散化通过量化来实现。我们用采样频率和采样精度来描述采样和量化这两个过程。

采样频率的高低是根据奈奎斯特理论和声音信号本身的最高频率决定的。奈奎斯特理论指出:采样频率不低于声音信号最高频率的两倍。

采样精度用每个声音样本的位数 bit/s(即 b/s)表示,它反映度量声音波形幅度的精度。样本位数的多少影响到声音的质量,位数越多,声音的质量越高,而需要的存储空间也越多;位数越少,声音的质量越低,需要的存储空间越少。

2. 视频的基本概念

视频是将一幅幅独立图像组成的序列按照一定的速率连续播放,利用视觉暂留现象在人的眼前呈现出连续运动的画面。因此,动画与视频从视觉角度看应该是一样的。有人这样来划分计算机视频与计算机动画,认为凡是扩展名为“.avi”的文件都是视频文件,扩展名为“.mov”的文件都是动画文件。其实,划分动画与视频的依据应该是生成它们的手段,利用摄像机进行现场拍摄而获得的信息为视频文件,利用工具软件人为创造出来的动作序列组成的文件称为动画。与静止图像相比,视频媒体是一组运行图像,其速率为 25 帧/秒或 30 帧/秒。帧是构成视频信息的基本单元。

1.6.2 声音、视频文件格式

1. 声音文件格式

1) WAV 文件

WAV 文件也称为波形文件,是 Windows 系统所使用的标准数字音频文件,它是对实际声音进行采样所得到的数据。使用波形文件能够记录和重现各种声音,从不规则的噪声到美妙的音乐。波形文件最大的缺点就是文件太大,不适合长时间记录声音。例如,同样时长半小时的立体声音乐,MIDI 文件只有 200KB 左右,而 WAV 文件则差不多有 300MB。用 Windows 系统的对象链接与嵌入(OLE)技术,可把波形文件嵌入到其他应用程序中。由于波形文件记录的是声音的数字化数据,所以可用一些声音工具软件对其进行处理,如加快或放慢放音速度,对声音进行重新组合等。

2) MIDI 文件

MIDI 是 Music Instrument Digital Interface(乐器数字接口)的缩写。与波形文件不同,MIDI 文件不对音乐进行采样,而是将音乐的每个音符记录为一个数字,所以与波形文件相比文件要小得多,可以满足长时间记录音乐的需要。MIDI 标准规定了各种音调的混合及发音,通过输出装置可以将这些数字重新合成为音乐。

MIDI 音乐的主要限制是它缺乏重现真实自然声音的能力,因此不能用在需要语音的场合。此外,MIDI 文件只能记录标准所规定的有限种乐器的组合,而且回放质量受到声卡的合成芯片的限制。近年来,国外流行的声卡普遍采用波表法进行音乐合成,使 MIDI 文件的音乐质量大大提高。

MIDI 文件有几个变通格式,如 RMI 和 CMF 等。其中 CMF(Creative Music Format) 文件是随声霸卡一起使用的音乐文件,RMI 文件是 Windows 系统使用的 RIFF(Resource Interchange File Format)文件的一种子格式,称为 RMID,即包含 MIDI 文件的格式。

3) CD-DA 音频

CD-DA 是数字音频(Compact Disc Digital Audio)的英文缩写,即大家日常使用的 CD 唱片,专业术语为红皮书标准音频。它是一种数字化的声音,以 16 位、44.1kHz 频率进行采样,几乎可以达到完全再现原始声音的效果。在每一张 CD 唱片上能存放长达 72 分钟的高质量的音乐。利用 Windows 98 系统的"CD 播放器"和"媒体播放机"都可以播放 CD 音乐。CD 音乐不是以磁盘文件方式保存的,因此不能随便将其中一段音乐复制到其他地方,这使得 CD 音乐的使用范围变得比较狭窄。但是,随着声音处理软件的普及,利用像"抓音轨"那样的专门软件也可以将 CD 唱片中的一段音乐分离出来,保存为独立的文件。

4) MP3 文件

随着计算机网络的普及和发展,MP3 格式的音乐越来越受到人们的欢迎。因为这是一种压缩格式的声音文件,音质好、数据量小是它的最大优点。

MP3 是一种数据音频压缩标准方法,它的全称是 MPEG-Layer 3,是 VCD 影像压缩标准 MPEG 的一个组成部分,用该标准制作存储的音乐就是 MP3 音乐。因为 MP3 是经过压缩产生的文件,因此需要一套 MP3 播放软件进行还原。互联网上有许多 MP3 播放软件可以下载,比较出色的如 Winamp 软件(下载地址:http://www.winamp.com)。另外,许多硬件生产厂商也生产了许多小巧玲珑的数字 MP3 播放机,可供用户下载及播放 MP3 音乐。MP3 文件的扩展名是".mp3"。

5) 其他文件格式

其他文件格式包括 VOC 文件、AU 文件和 MOD 文件等。VOC 文件是随声霸卡一起诞生的常用的声音文件,主要用于 DOS(磁盘操作系统)程序(特别是游戏)中,VOC 文件和波形文件可互相转换。AU 文件是 UNIX 操作系统下的数字声音文件,由于早期在 Internet 上的 Web 服务器主要是基于 UNIX 系统的,所以这种文件成为 WWW 上使用的标准声音文件。MOD 文件最初产生于 Commodore 公司的 AMIGA 型计算机中,它并不是 PC 上使用的标准文件,PC 上用于播放 MOD 音乐的软件多数是共享软件或自由软件。

常用声音文件特性对照见表 1.2。

表 1.2　常用声音文件特性对照

声音类型	优　点	缺　点	尺寸大小举例
WAV	通用性好	文件尺寸大	2.52s 的声音文件长 32.7KB
MIDI	文件尺寸小,可重新合成	缺乏重现真实自然声音的能力	2.02h 的声音文件长 32.7KB
CD-DA	音质非常好	保存方式单一	60h 的声音文件长 650MB
MP3	质量高,文件尺寸小,对声卡要求低	通用性差	25h 的声音文件长 105KB

2. 视频文件格式

1）AVI 文件格式

AVI 文件格式是 Video for Windows（简称 VFW 环境）所使用的文件格式，其扩展名为 ".avi"。它采用了英特尔（Intel）公司的 Indeo 视频有损压缩技术，把视频和音频信号混合交错地存放在一个文件中，较好地解决了音频信息与视频信息的同步问题，是目前较为流行的视频文件格式。AVI 文件使用的压缩方法有多种，主要使用有损压缩方法，通常采用纯软件的压缩和还原手段。

2）MOV 文件格式

MOV 文件格式是 Apple 公司的播放软件工具（QuickTime for Windows）所使用的视频文件格式。和 AVI 文件相同，MOV 文件也使用了 Intel 公司的 Indeo 视频有损压缩技术把视频和音频信号混合交错在一起，但具体实现不同。一般认为 MOV 文件图像较 AVI 好，但这只是相对而言的，因为不同版本的 AVI 和 MOV 文件的画面质量是很难进行比较的。

3）MPG 文件格式

MPG 文件是最新的数字视频标准文件，也称为系统文件或隔行数据流，是采用 MPEG 方法进行压缩的全运动视频图像，许多视频处理软件都支持该文件格式。在一定条件下，可在 1024×768 的分辨率下以每秒 24、25 或 30 帧的速度播放 128000 种颜色的全运动视频图像和同步 CD 音质的伴音。

4）DAT 文件格式

DAT 是数据流格式（即卡拉 OK CD，为面向大众化消费的另一种 CD 标准）。DAT 文件格式是 VCD 专用的视频文件格式，也是基于 MPEG 压缩/解压缩技术的视频文件格式。当计算机配备视霸卡或软解压程序后，可利用计算机对该格式的文件进行播放。

5）MP4 文件格式

MP4 是一套用于音频、视频信息的压缩编码标准，由国际标准化组织（ISO）和国际电工委员会（IEC）下属的"运动图像专家组"制定，第一版在 1998 年 10 月通过，第二版在 1999 年 12 月通过。MPEG-4 格式的主要用途在于网上流媒体、光盘、语音发送（视频电话），以及电视广播。

1.6.3 声音、视频素材的获取途径

1. 声音素材的获取途径

（1）使用声卡录制、采集声音信息，并以文件的形式存储在计算机中。

（2）使用声卡及 MIDI 设备在计算机上创作乐曲。

（3）从互联网上下载或购买音乐光盘。

2. 视频素材的获取途径

（1）使用摄像设备摄取，然后输入到计算机中。

（2）使用屏幕抓图软件抓取。

（3）使用视频采集卡从电视中采集。

任务 1.7 认识动画

1.7.1 动画的基本概念

动画的概念不同于一般意义上的动画片,动画是一种综合艺术,它是集合了绘画、漫画、电影、数字媒体、摄影、音乐、文学等众多艺术门类于一身的艺术表现形式。动画最早发源于19世纪上半叶的英国,兴盛于美国,中国动画起源于20世纪20年代。1892年10月28日埃米尔·雷诺首次在巴黎著名的葛莱凡蜡像馆向观众放映光学影戏,标志着动画的正式诞生,同时埃米尔·雷诺也被誉为"动画之父"。动画艺术经过了100多年的发展,已经有了较为完善的理论体系和产业体系,并以其独特的艺术魅力深受人们的喜爱。动画技术较规范的定义是采用逐帧拍摄对象并连续播放而形成运动的影像技术。不论拍摄对象是什么,只要它的拍摄方式是采用的逐帧方式,观看时连续播放形成了活动影像,它就是动画。

1.7.2 动画的发展和应用

世界动画大国是美国和日本,而两国的动画作品风格也有所不同。美国的动画以数字化的电脑制作为主,号称"美国没有'动画绘制人'"。其特点是夸张的人物形象和动作,且节奏较快,体现了美国人的直率、爽快的性格。代表有迪士尼、华纳等公司。而日本的动画以赛璐珞和喷笔绘制为主,体现的是一种唯美的风格。其特点是以优美的人物造型、内涵丰富的对白及剧情吸引观众,但定格画面较多,节奏也较慢。代表有GAINAX、SUNRISE、吉卜力、东映等公司。

新中国成立后的《大闹天宫》《哪吒闹海》开创了中国动画的历史先河。从20世纪30年代的《铁扇公主》到21世纪的《风云决》《超蛙战士之初露锋芒》《魁拔之十万火急》《藏獒多吉》等,中国动画电影拥有一条没有断裂的历史。

2011年,由北京青青树动漫科技有限公司(VASOON Animation)原创,中国电影集团公司发行的玄幻热血系列动画电影《魁拔之十万火急》制作完成。首部动画电影《魁拔之十万火急》前期筹备历时4年,绘制3年,制作精良,投资超过3000万元人民币。该片已于2011年7月8日上映。

2012年5月中国又推出了首部灾难动画电影《今天·明天》,借助中国特色熊猫为代表讲述防震救灾知识,从而向孩子们普及防震知识。

2012年6月环球数码又推出了《潜艇总动员2》,采用全3D国产技术,发行当月就取得1700万票房,可见中国动画电影的市场非常之巨大。

2013年,中国第一部手指滑板题材动画片《翼空之巅》推出,该片由广东奥飞动漫文化股份有限公司出品,广州千骐动漫有限公司创作,星力量动漫游戏学院师生参与制作。该剧制作的顺利完成,标志着星力量动画专业校企合作的培养模式逐渐成熟。

2013年,同样由北京青青树动漫科技有限公司原创,中国电影集团公司发行的玄幻热血系列动画电影《魁拔之大战元泱界》制作完成。《魁拔之大战元泱界》耗时2年,已于2013年5月31日以2/3D格式在全国上映。

　　2013 年,中国第一部由高等院校(吉林动画学院)自主制作和出品的 3D 院线动画电影《青蛙王国之我嘞个去》横空出世,在审批阶段曾获国家广电总局"建国以来最优秀 3D 动画电影"的高度赞扬,让中国动画事业的发展迈向一个新高度。

> ✎ **小结**
>
> 　　本单元从多媒体的定义、多媒体的类型以及多媒体的主要特性三个方面讲述了多媒体的基本概念。多媒体是指多种媒体(文本、图形、图像、动画和声音等)的有机组合,并通过计算机对此有机体进行综合处理和控制,能支持完成一系列交互式操作。多媒体的类型主要有感觉媒体、表示媒体、显示(表现)媒体、存储媒体和传输媒体。多媒体的主要特性是集成性、交互性、实时性、控制性和非线性。

习　题

一、填空题

1. 多媒体的类型有_____、_____、_____、_____和_____共 5 种。

2. 多媒体的特性主要包括_____、_____、_____、_____、_____。

二、选择题

1. 描述一幅图像主要有_____。

A. 大小、颜色、对比度　　　　　　　　　B. 颜色、分辨率、大小

C. 真/伪彩色、对比度、像素深度　　　　D. 分辨率、像素深度、真/伪彩色等

2. 以下属于视频文件的是_____。

A. MOV 文件、MPG 文件、DAT 文件、DOC 文件

B. MPG 文件、DAT 文件、DOC 文件、BMP 文件

C. JPG 文件、MOV 文件、MPG 文件、DAT 文件

D. MOV 文件、MPG 文件、DAT 文件、AVI 文件

三、判断题

1. 多媒体就是多种媒体的集合。　　　　　　　　　　　　　　　　　　　　（　　　）

2. 学习多媒体技术就是学习几种多媒体处理软件。　　　　　　　　　　　　（　　　）

四、简述题

1. 多媒体技术是如何改变我们的工作、学习和生活的? 请举例说明。

2. 通过你的学习体会,比较多媒体教学形式与传统教学形式各自的优、缺点。

图像处理

知识教学目标

- 掌握 Photoshop CC 工作窗口的组成；
- 掌握 Photoshop CC 工具箱的工具组成；
- 了解 Photoshop CC 工具属性的相关知识。

技能培养目标

- 能使用套索工具实现区域的选择；
- 能使用快速蒙版对图像进行编辑处理；
- 能使用仿制图章工具、魔棒工具等对图像进行处理。

任务 2.1 美化图像

任务描述 🔍

本任务原图片中人物脸上有痘痘，肤色较黑，光线明暗对比度大，利用 Photoshop 软件提供的相关工具对图片进行美化处理，美化前、后的效果如图 2.1 和图 2.2 所示。

图 2.1 原图片

图 2.2 处理后的图片

知识准备 ◎⊙

1. Adobe Photoshop CC 的启动

选择"开始"→"程序"→"Adobe Photoshop CC"选项可启动 Adobe Photoshop CC。

2. Adobe Photoshop CC 的窗口组成

Adobe Photoshop CC 窗口由工具箱、画布、属性栏、调板等组成,如图 2.3 所示。

图 2.3　Adobe Photoshop CC 的窗口组成

工具箱:工具箱中包含了用于创建和编辑图像的工具,按照使用功能可以将它们分成 26 组,包括选框工具组、裁剪工具组、修饰工具组、图形工具组、文字工具组和移动工具组等,如图 2.4 所示。

> ✐提示
>
> 　工具图标右下角有小黑三角的,说明此图标下还有其他工具,在该图标上按住鼠标左键可显示和选择其他工具。

属性栏:工具箱中的大部分工具都可以在属性栏中设置属性,选择不同的工具,相应的属性栏会发生变化。如选择画笔工具,属性栏会出现画笔直径、流量等属性;选择文字工具,属性栏会出现字体、字号等属性。

调板:位于工作窗口的右边,如导航器面板、样式面板、图层面板、历史记录面板和调色面板等。各种调板都是浮动面板,不用时可以关闭,使用时可以通过菜单中的"窗口"选项打开。在图层面板中当图层多于一个时,只有被选中的图层能够处理,称为当前图层。

3. "套索工具" ⌿⌀

"套索工具"可以在图像或图层中绘制不规则形状的选区,选取不规则形状的图像,按住鼠标左键,沿预计的轨迹拖动鼠标,创建出闭合选区。

图 2.4　工具箱

4."橡皮擦工具"

"橡皮擦工具"可以擦除图像的颜色,并自动用背景色填充。所以,在使用时要注意先设置背景颜色,并结合属性栏中的各项设置使用。

5."仿制图章工具"

"仿制图章工具"可以从已有的图像中取样,然后将取到的样本应用于其他图像或同一图像上。操作方法是选择"仿制图章工具" ,按住 Alt 键,在取样点单击,完成取样工作,释放 Alt 键,然后在应用点上单击就完成了一次仿制图章工具的使用。

6.建立选区

建立选区是处理图像前的基本操作步骤之一。通过创建选区,用户可以方便地控制图像处理区域。用户可利用"选框工具" 、"套索工具" 、"魔棒工具" 等建立选区,使用什么工具建立选区要根据实际问题灵活选用。按 Ctrl＋D 键可以取消选区。

仿制图章工具
使用教学视频

任务实施

任务流程:打开图片→选择区域→调整亮度→去除雀斑→增白肤色。

(1) 选择"开始"→"程序"→"Adobe Photoshop CC"选项启动 Adobe Photoshop CC,在 Adobe Photoshop CC 工作窗口中选择"文件"→"打开"命令打开素材文件 female.jpg。

(2) 选择工具箱中的"套索工具" ,在图像右下角亮度比较大的区域边缘拖动鼠标选择出一个区域,如图 2.5 所示。单击"以快速蒙版模式编辑"按钮 进入快速蒙版模式,选择"橡皮擦工具" ,在窗口的上方属性栏中,设置橡皮擦工具画笔大小为 30 像素,流量为

20%,在刚才选出的选区中拖动鼠标,涂抹柔化选区。

(3)单击"以快速蒙版模式编辑"按钮▦退出快速蒙版模式(此按钮是一个开关按钮,在标准模式下单击此按钮即可进入快速蒙版模式进行编辑,在快速蒙版模式编辑方式下单击此按钮即可退出快速蒙版模式)。按 Ctrl+Shift+I 键反选选区,选择"图像"→"调整"→"曲线"命令,设置参数如图 2.6 所示,单击"确定"按钮。

图 2.5　建立选区

图 2.6　曲线设置窗口

(4)单击"仿制图章工具"按钮▲,设置画笔大小为 5 像素,流量为 85%,按住 Alt 键单击脸部没有雀斑的位置(取样),释放 Alt 键,在雀斑处单击,即可实现清除雀斑的效果。重复此操作清除其他雀斑。

(5)单击图层面板中的"创建新图层"按钮▣,创建一个新的图层。单击"通道"窗口,按住 Ctrl 键的同时单击 RGB 通道,回到图层面板,将前景色设置为白色,按 Alt+Delete 键(用前景色填充),此时可发现图像增白了。使用橡皮擦工具擦掉不需要增白的部位,设置图层不透明度为 46%,如图 2.7 所示。按 Ctrl+D 键取消选区,最终得到如图 2.2 所示的效果。

图 2.7　设置不透明度

拓展知识

1. 菜单栏的使用

在 Photoshop CC 版本中,增加了许多菜单定制选项,可以在菜单中给特定的菜单选项指定颜色,使之突出显示,也可以隐藏不常使用的菜单项,定制自己的菜单空间。此外,Photoshop CC 还为不同任务附带了几个预置的定制菜单,如"新增功能"等。要对 Photoshop CC 中的菜单定制功能进行了解,可以执行"窗口"→"工作区"命令,如图 2.8 所示。

图 2.8　工作区菜单

> 📝提示
>
> 　某些菜单命令后面标注了该命令的快捷键,如"图像"→"调整"→"色彩平衡"命令的快捷键就是 Ctrl+B,用户直接按 Ctrl+B 组合键就可执行"色彩平衡"命令。

2. 属性栏的使用

属性栏中显示了当前所使用工具的各项属性,其中的选项随当前所选工具的不同而变化。如图 2.9 所示为选择画笔工具后的属性栏。

图 2.9　画笔属性栏

属性栏的使用方法如下：在工具箱中选择目标工具，属性栏中会显示出该工具的各项属性。属性栏中的选项通常有参数选项、单选项、复选项和命令按钮。参数选项可以设置当前工具的一些属性。如选择了工具箱中的画笔工具，属性栏中会有画笔形状、笔尖大小等参数，这些参数决定了画笔的形状和大小等属性，如图 2.10 所示。单选项和复选项一般可以设置当前工具工作的形式，比如选择修补工具后，在选项栏上就有单选项和复选项，如图 2.11 所示。

图 2.10　画笔选项栏

图 2.11　修补工具属性栏

命令按钮可以快速执行一些命令。比如使用移动工具选择连续的多个图层，此时属性栏中的排列图标被激活，单击所需的排列命令按钮即可排列对齐图像，如图 2.12 所示。

图 2.12　排列命令按钮

另外，在属性栏中更改了参数或者其他设置，要想恢复到默认值，只需右击属性栏最左侧的工具图标，在随即弹出的菜单中选择"复位工具"或"复位所有工具"即可，如图 2.13 所示。如果选择的是"复位工具"命令，将把当前工具属性栏上的属性恢复至默认值；如果选择的是"复位所有工具"命令，则将所有工具属性栏上的属性恢复到默认值。

图 2.13　工具属性复位

任务 2.2　修整图像

任务描述 ✍

本任务有一幅图片,如图 2.14 所示。要求将图片中的多余人物去掉,并修整相关背景,修整后的图片如图 2.15 所示。

图 2.14　修整前的图片

图 2.15　修整后的图片

知识准备 🔍

1."钢笔工具" ✏

"钢笔工具"的主要作用是创建路径和形状,使用时在相应的位置单击,最后形成一个封闭区域,这个封闭区域是路径还是形状,取决于事先在属性栏中对钢笔工具的属性设置。如果选择"形状",则建立一个形状图层;如果选择"路径",则建立一个封闭区域。

2."渐变工具" ▣

"渐变工具"主要用于在图形文件中创建渐变效果,使用方法是选择"渐变工具" ▣ ,在渐变工具属性栏中,设置渐变类型 ▣▣▣▣▣ 和渐变样式 ▣▣ ,然后在相应的区域或选区拖动鼠标,则相应区域或选区就以渐变色填充。

3."魔棒工具" ✦

"魔棒工具"用于选择颜色相同或相近的区域范围,建立闭合选区。建立选区的形式由魔棒工具属性栏中的相应属性决定,其中有"新选区"▣、"添加到选区"▣、"从选区减去"▣ 和"与选区交叉"▣属性。选区的范围由属性栏中的容差 容差: 32 值决定,容差越大,选区越大。属性设置好后单击相应的图形颜色即可。

4."修补工具" ▨

"修补工具"是用于修复图像的工具。此工具通过选区来完成对图像的修复,具体地说是用一个区域的图像修改另一个区域的图像。其使用方法是选择"修补工具" ▨ ,设置修补工具属性 修补: 正常 ▾ ● 源 ○ 目标 ,用鼠标拖出一个封闭选区,然后拖动移动这个选区。

修补工具使用
教学视频

如果属性选择"源",则实现用目标选区修补源选区;如果属性选择"目标",则实现用源选区修补目标选区。

任务实施

任务流程:打开图片→修整部分区域→使用魔棒工具选取选区→新建图层复制选区→去除多余人物。

(1)启动 Adobe Photoshop CC,选择"文件"→"打开"命令,打开 gir12.jpg 文件,如图 2.14 所示。

(2)单击工具箱中的"缩放工具" ,再选择属性栏中的"放大"按钮 ,在图片上单击放大图片(选择属性栏中的"缩小"按钮 ,在图片上单击可以缩小图片)。

(3)单击工具箱中的"仿制图章工具" ,按 Alt 键的同时单击图像中人物手肘下边的背景(取采样点),如图 2.16 所示。释放 Alt 键,在手肘部位涂抹(擦除该部位),最后得到如图 2.17 所示的效果。

图 2.16　取采样点　　　　　　　　图 2.17　擦除后的手肘部位

(4)单击"矩形选框工具" ,选取如图 2.18 所示的选区。按 Ctrl+C 键复制选区,再按 Ctrl+V 键粘贴选区。单击"移动工具" ,将粘贴的选区拖到左边,如图 2.19 所示。用同样的方法完成台阶的修整,最后得到如图 2.20 所示的效果。

图 2.18　矩形选区　　　　图 2.19　移动选区　　　　图 2.20　最后效果

(5) 使用工具箱中的"缩放工具" ，将图片缩小到合适大小。单击工具箱中的"钢笔工具"，在属性栏中选择"路径"，建立如图 2.21 所示的路径。右击路径，在快捷菜单中选择"建立选区"命令，设置羽化半径为 3 像素。

(6) 单击工具箱中的"渐变工具"，在属性栏中双击渐变下拉列表框打开"渐变编辑器"对话框，如图 2.22 所示。双击，设置 RGB 的值为（22,24,23），双击，设置 RGB 的值为（10,10,12），单击"确定"按钮，在选区内按住 Shift 键的同时从上到下拖动鼠标，得到如图 2.23 所示的效果。

图 2.21　建立路径

图 2.22　渐变编辑器

(7) 选择"魔棒工具"，在属性栏中将容差设置为 30，选取绿树，如图 2.24 所示。再选择"矩形选框工具"，在属性栏中选择"添加到选区"按钮，在刚才的选区内拖动鼠标，将树尽量完整地选出来。选择"图层"→"新建"→"通过拷贝的图层"命令，再选择"编辑"→"变换"→"水平翻转"命令，按 Ctrl＋T 键并将树头旋转移动，如图 2.25 所示。单击"移动工具"，弹出"应用变换"对话框，单击"应用"按钮。

图 2.23　清除左边人物

图 2.24　选取绿树

图 2.25　旋转树头

（8）选择"魔棒工具" ，在属性栏中将容差设置为 40，类型选择"添加到选区"，反复单击对象（树和盆），直到全部选出为止。执行"图层"→"新建"→"通过拷贝的图层"命令两次，将两个图移动到相应位置，如图 2.26 所示。

（9）选择"修补工具" ，在属性栏中选择"源"单选项，拖动鼠标建立如图 2.27 所示的区域，将其拖动到左边区域，注意对齐地砖。

图 2.26 复制树和盆

图 2.27 创建修补源

（10）使用以上方法或已经学过的"仿制图章工具"清除其余部位，最终效果如图 2.15 所示。

任务 2.3 皮肤处理

任务描述 ◎

本任务有一幅图片，如图 2.28 所示。要求对图片使用滤镜等技术处理，处理后的图片如图 2.29 所示。

图 2.28 处理前的图片

图 2.29 处理后的图片

知识准备 ⊙

1. 盖印图层

盖印图层就是在处理图片的时候将处理后的效果盖印到新的图层上,功能和合并图层差不多,不过比合并图层更好用,因为盖印是重新生成一个新的图层,它不会影响之前所处理的图层。这样做的好处就是,如果觉得之前处理的效果不太满意,你可以删除盖印图层,之前做效果的图层依然在。

2. 滤镜

滤镜主要是用来实现图像的各种特殊效果,它在 Photoshop 中具有非常神奇的作用。所有的滤镜都按分类放置在菜单中,使用时只需要从该菜单中执行此命令即可。

滤镜的操作非常简单,但是真正用起来却很难恰到好处。滤镜通常需要同通道、图层等联合使用,才能取得最佳艺术效果。如果想在最适当的时候应用滤镜到最适当的位置,除了需要美术功底之外,还需要用户对滤镜的熟悉和操控能力,甚至需要具有很丰富的想象力。这样,才能有的放矢地应用滤镜,发挥出艺术才华。

杂色滤镜:有 4 种,分别为蒙尘与划痕、去斑、添加杂色、中间值滤镜,主要用于校正图像处理过程(如扫描)的瑕疵。

扭曲滤镜(Distort)是 Photoshop"滤镜"菜单下的一组滤镜,共 12 种。这一系列滤镜都是用几何学的原理来把一幅影像变形,以创造出三维效果或其他的整体变化。每一个滤镜都能产生一种或数种特殊效果,但都离不开一个特点:对影像中所选择的区域进行变形、扭曲。

渲染滤镜可以在图像中创建云彩图案、折射图案和模拟的光反射,也可在 3D 空间中操纵对象,并从灰度文件创建纹理填充以产生类似 3D 的光照效果。

风格化滤镜:Photoshop 中"风格化"滤镜是通过置换像素和通过查找并增加图像的对比度,在选区中生成绘画或印象派的效果。它是完全模拟真实艺术手法进行创作的。在使用"查找边缘"和"等高线"等突出显示边缘的滤镜后,可应用"反相"命令用彩色线条勾勒彩色图像的边缘或用白色线条勾勒灰度图像的边缘。

"液化"滤镜可用于推、拉、旋转、反射、折叠和膨胀图像的任意区域。创建的扭曲可以是细微的或剧烈的,这就使"液化"命令成为修饰图像和创建艺术效果的强大工具。"液化"滤镜可应用于 8 位/通道或 16 位/通道图像。

模糊滤镜:在 Photoshop 中模糊滤镜效果共包括 6 种,模糊滤镜可以使图像中过于清晰或对比度过于强烈的区域,产生模糊效果。它通过平衡图像中已定义的线条和遮蔽区域的清晰边缘旁边的像素,使变化显得柔和。

滤镜使用教学视频

任务实施 ⊙

任务流程:打开图片→设置图层样式→添加滤镜→添加图层蒙版→保存文件。

(1)打开如图 2.30 所示原图,按 Ctrl + J 键复制背景图层,生成图层 1。

(2)右击图层 1,在图层样式中把图层 1 的混合模式设置为"滤色",图层不透明度设置为 80%。

图 2.30　处理前的图片

（3）新建一个图层 2，按 Ctrl ＋ Shift ＋ Alt ＋ E 组合键盖印图层，执行"滤镜"→"模糊"→"高斯模糊"命令，设置半径为 5 像素，单击"确定"，如图 2.31 所示。

图 2.31　滤镜设置

（4）为图层 2 添加图层蒙版，用黑色画笔工具擦出除人物脸部皮肤以外的部分，如图 2.32 所示。

图 2.32　添加图层蒙版

（5）将图层 2 的不透明度设置为 85％。

（6）新建一个图层 3，按 Ctrl ＋ Shift ＋ Alt ＋ E 键盖印图层，选择"加深工具" 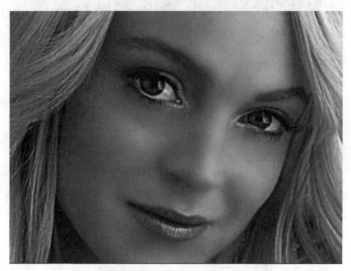，设置曝光度为 50％，涂抹人物鼻子的高亮部分，效果如图 2.33 所示。

图 2.33 涂抹后的效果

任务 **2.4** 局部处理

任务描述 🔍

本任务有一幅图片，面部偏暗，如图 2.34 所示。要求对图片使用快速蒙版等技术处理，处理后的图片如图 2.35 所示。

图 2.34 处理前的图片　　　　　　图 2.35 处理后的图片

知识准备

1. **快速蒙版**

快速蒙版主要用于编辑选区,单击工具箱下部的"以快速蒙版模式编辑"按钮,进入快速蒙版模式。进入该模式后,未被选中区域会覆盖半透明红色。在快速蒙版中,使用白色画笔涂抹可添加选区,使用黑色画笔涂抹可减少选区,而使用灰色画笔涂抹得到半透明的选区。使用画笔涂抹之后,再次单击上面的按钮或按 Q 键退出快速蒙版,得到涂抹以外的选区。

快速蒙版使用
教学视频

2. **色彩调整之曲线**

(1) S 形曲线(增加反差),将曲线两个凸点向内推,照片反差会相应提高。

(2) 反 S 曲线(降低反差),将曲线两个凹点向外拉,照片反差则会下降。

(3) 曲线向上(增加亮度),将曲线中点向上拉,照片亮度会相应提高。

(4) 曲线向下(降低亮度),将曲线中点向下拉,照片亮度则会下降。

一张相片的色调,是由 RGB(Red、Green、Blue)三个通道组成的。在曲线功能中,要调整颜色,则要先在通道位置选择要调整的颜色曲线。

(1) 红色 Red——曲线向上为增加红色(Red);向下为增加青色(Cyan)。

(2) 绿色 Green——曲线向上为增加绿色(Green);向下为增加洋红色(Magenta)。

(3) 蓝色 Blue——曲线向上为增加蓝色(Blue);向下为增加黄色(Yellow)。

3. **色彩调整之色相/饱和度**

色彩的三要素是:明度、色相和纯度。在 Photoshop 中专门调整图像色彩三要素的命令有"色相/饱和度"。

"色相/饱和度"命令可以调整图像的颜色,也可以用来给图像着色。执行"图像"→"调整"→"色相/饱和度",打开如图 2.36 所示对话框。

图 2.36　"色相/饱和度"对话框

在该对话框底部有两个颜色条,上面一条显示了调整前图像的颜色,下面一条则显示了如何以全饱和的状态影响图像所有的色相。该对话框中各选项功能如下:

在编辑下拉列表中可选择调整的颜色范围,可以对全图进行颜色调整,也可以专门针对某一种特定颜色进行更改,而其他颜色不变。选择"黄色"后,"色相/饱和度"对话框如图 2.37所示。

图 2.37 选择"黄色"

> "色相"：拖动滑块或在文本框中输入数值，可以更改颜色。
> "饱和度"：数值越大，饱和度越高，取值范围是 $-100 \sim 100$。
> "明度"：数值越大，明度越高。
> "着色"：启用该选项，可为灰度图像上色，或创建单色调图像效果。

任务实施

任务流程：打开图片→"以快速蒙版模式编辑"→确定选区→色彩调整→保存文件。

（1）打开原图文件，如图 2.38 所示。

图 2.38 原图

（2）单击工具箱下方的"以快速蒙版模式编辑"按钮 ，进入快速蒙版模式编辑状态（此时按钮变成"以快速标准模式编辑" ）。

（3）选择画笔工具 ，调整画笔大小为 45 像素，如图 2.39 所示。

图 2.39　调整画笔大小

（4）使用画笔工具在人物面部涂抹（根据需要可以调整画笔大小），如图 2.40 所示。

图 2.40　使用画笔涂抹

（5）单击"以快速标准模式编辑"按钮 ，此时出现涂抹部分以外的选区，如图 2.41 所示。

图 2.41　显示选区

（6）按 Ctrl＋Shift＋I 键反选选区，此时涂抹部分被选中，如图 2.42 所示。

图 2.42　反选选区

（7）按 Ctrl＋J 键将面部复制出一个新图层，自动命名为图层 1。

（8）选择"图像"→"调整"→"曲线"命令，弹出"曲线"对话框，设置如图 2.43 所示。

图 2.43　"曲线"对话框

（9）单击"确定"按钮,效果如图 2.35 所示。

（10）保存文件。

任务 2.5 水滴效果

任务描述 ⊙

本任务通过对图层样式的综合应用,制作一个水滴效果,制作后的图片如图 2.44 所示。

图 2.44 水滴效果

知识准备 ⊙

1. 常用混合模式介绍

在 Photoshop 中,图层混合模式有溶解、变暗、正片叠底、颜色加深、线性加深、叠加、柔光、亮光、强光、线性光、点光、实色混合、差值、排除、色相、饱和度、颜色、明度等。

（1）正常模式,也是默认的模式,即不和其他图层发生任何混合。

（2）正片叠底模式(Multiply):考察每个通道里的颜色信息,并对底层颜色进行正片叠加处理。其原理和色彩模式中的"减色原理"是一样的。这样混合产生的颜色总是比原来的要暗。如果和黑色发生正片叠底的话,产生的就只有黑色;而与白色混合就不会对原来的颜色产生任何影响。

（3）溶解模式。溶解模式产生的像素颜色来源于上、下混合颜色的一个随机置换值,与像素的不透明度有关。

（4）屏幕(Screen)模式。按照色彩混合原理中的"增色模式"混合。也就是说,对于屏幕模式,颜色具有相加效应。比如,当红色、绿色与蓝色都是最大值 255 的时候,以屏幕模式混合就会得到 RGB 值为(255,255,255)的白色。而相反的,黑色意味着值为 0。所以,与黑色以该种模式混合没有任何效果,而与白色混合则得到 RGB 颜色最大值白色[RGB 值为(255,255,255)]。

（5）叠加模式。像素是进行正片叠底模式混合还是 Screen（屏幕）混合，取决于底层颜色。颜色会被混合，但底层颜色的高光与阴影部分的亮度细节就会被保留。

（6）柔光模式。变暗还是提亮画面颜色，取决于上层颜色信息。产生的效果类似于为图像打上一盏散射的灯。如果上层颜色（光源）亮度高于 50％灰（中性灰），底层会被照亮（变淡）。如果上层颜色（光源）亮度低于 50％灰，底层会变暗，就好像被烧焦了似的。

（7）强光模式。正片叠底或者是屏幕混合底层颜色，取决于上层颜色。产生的效果就好像为图像应用强烈的聚光灯一样。如果上层颜色（光源）亮度高于 50％灰，图像就会被照亮，这时混合方式类似于屏幕模式（Screen）。反之，如果亮度低于 50％灰，图像就会变暗，这时混合方式就类似于正片叠底模式（Multiply）。该模式能为图像添加阴影。如果用纯黑或者纯白来混合，得到的也将是纯黑或者纯白。

（8）线性光模式。如果上层颜色（光源）亮度高于 50％灰，则用增加亮度的方法来使画面变亮，反之用降低亮度的方法来使画面变暗。

（9）饱和度模式。决定生成颜色的参数包括：底层颜色的明度与色调，上层颜色的饱和度。按这种模式与饱和度为 0 的颜色混合（灰色）不产生任何变化。

（10）着色模式。决定生成颜色的参数包括：底层颜色的明度，上层颜色的色调与饱和度。这种模式能保留原有图像的灰度细节。这种模式能用来对黑白或者是不饱和的图像上色。

常用混合模式
教学视频

2. Photoshop 工具箱常用快捷键介绍

（同时按 Shift＋快捷键可以实现对在同一组工具中不同工具的循环选取。）

移动工具 V

矩形、椭圆选框工具 M

套索、多边形套索、磁性套索 L

快速选择工具、魔棒工具 W

裁剪、透视裁剪、切片、切片选择工具 C

吸管、颜色取样器、标尺、注释、123 计数工具 I

污点修复画笔、修复画笔、修补、内容感知移动、红眼工具 J

画笔、铅笔、颜色替换、混合器画笔工具 B

仿制图章、图案图章工具 S

历史记录画笔工具、历史记录艺术画笔工具 Y

像皮擦、背景橡皮擦、魔术橡皮擦工具 E

渐变、油漆桶工具 G

减淡、加深、海棉工具 O

钢笔、自由钢笔、添加锚点、删除锚点、转换点工具 P

横排文字、直排文字、横排文字蒙版、直排文字蒙版 T

路径选择、直接选择工具 A

矩形、圆角矩形、椭圆、多边形、直线、自定义形状工具 U

抓手工具 H

旋转视图工具 R

缩放工具 Z

添加锚点工具＋

删除锚点工具－

默认前景色和背景色 D

切换前景色和背景色 X

切换标准模式和快速蒙版模式 Q

标准屏幕模式、带有菜单栏的全屏模式、全屏模式 F

临时使用移动工具 Ctrl

临时使用吸色工具 Alt

临时使用抓手工具 空格

打开工具选项面板 Enter

快速输入工具选项(当前工具选项面板中至少有一个可调节数字)0 至 9

循环选择画笔［或］

选择第一个画笔 Shift＋［

选择最后一个画笔 Shift＋］

建立新渐变(在"渐变编辑器"中)Ctrl＋N

3. Photoshop 图层混合模式快捷键介绍

循环选择混合模式 Shift＋"－"或"＋"

正常 Ctrl＋Alt＋N

阈值(位图模式)Ctrl＋Alt＋L

溶解 Ctrl＋Alt＋I

背后 Ctrl＋Alt＋Q

清除 Ctrl＋Alt＋R

正片叠底 Ctrl＋Alt＋M

屏幕 Ctrl＋Alt＋S

叠加 Ctrl＋Alt＋O

柔光 Ctrl＋Alt＋F

强光 Ctrl＋Alt＋H

颜色减淡 Ctrl＋Alt＋D

颜色加深 Ctrl＋Alt＋B

变暗 Ctrl＋Alt＋K

变亮 Ctrl＋Alt＋G

差值 Ctrl＋Alt＋E

排除 Ctrl＋Alt＋X

色相 Ctrl＋Alt＋U

饱和度 Ctrl＋Alt＋T

颜色 Ctrl＋Alt＋C

光度 Ctrl＋Alt＋Y

去色 海绵工具＋Ctrl＋Alt＋J

加色 海绵工具＋Ctrl＋Alt＋A

暗调 减淡/加深工具＋Ctrl＋Alt＋W

中间调 减淡/加深工具＋Ctrl＋Alt＋V

高光 减淡/加深工具＋Ctrl＋Alt＋Z

任务实施

任务流程：打开图片→制作图形→添加图层样式→参数设置→保存文件。

(1) 打开绿叶背景图片，如图 2.45 所示。

图 2.45　绿叶背景图片

(2) 选择椭圆工具 ，在背景图片上画一个椭圆（自动生成椭圆 1 图层），如图 2.46 所示。

图 2.46　绘制一个椭圆

（3）将椭圆 1 图层填充设为 0%。

（4）对椭圆 1 图层添加图层样式"内阴影"：设置混合模式为"正片叠底"，阴影颜色 RGB 的值设置为（57,125,6），不透明度设置为 85%，角度设置为 120 度，取消使用全局光，距离设置为 8 像素，大小设置为 18 像素，如图 2.47 所示。

图 2.47　内阴影参数设置

（5）对椭圆 1 图层添加图层样式"投影"：设置混合模式为"正片叠底"，阴影颜色 RGB 的值设置为（47,120,6），不透明度设置为 85%，角度设置为 120 度，取消使用全局光，距离设置为 8 像素，大小设置为 18 像素，如图 2.48 所示。

图 2.48　投影参数设置

（6）单击"确定"，效果如图 2.44 所示。

（7）保存文件。

任务 2.6　放射光线

任务描述

动作使用教学
视频

本任务使用 Photoshop 中的动作等功能，制作放射光线效果，制作后的图形如图 2.49 所示。

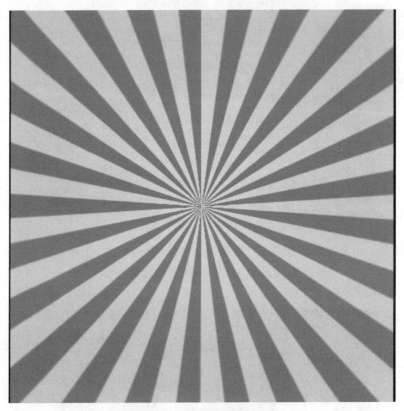

图 2.49　放射光线效果

知识准备

1. Photoshop 常用文件操作快捷键

新建图形文件 Ctrl＋N

保存当前图像 Ctrl＋S

另存为 Ctrl＋Shift＋S

打印 Ctrl＋P

2. Photoshop 常用选择操作快捷键

全部选取 Ctrl＋A

取消选择 Ctrl+D

重新选择 Ctrl+Shift+D

羽化选择 Ctrl+Alt+D

反向选择 Ctrl+Shift+I

载入选区 Ctrl+单击图层、路径、通道面板中的缩约图

3. Photoshop 常用编辑操作快捷键

剪切选取的图像或路径 Ctrl+X 或 F2

拷贝选取的图像或路径 Ctrl+C

将剪贴板的内容粘贴到当前图形中 Ctrl+V 或 F4

将剪贴板的内容粘贴到选框中 Ctrl+Shift+V

自由变换 Ctrl+T

取消变形(在自由变换模式下)Esc

用背景色填充所选区域或整个图层 Ctrl+Backspace 或 Ctrl+Delete

用前景色填充所选区域或整个图层 Alt+Backspace 或 Alt+Delete

4. Photoshop 常用图层操作快捷键

通过拷贝建立一个图层 Ctrl+J

向下合并或合并连接图层 Ctrl+E

合并可见图层 Ctrl+Shift+E

盖印或盖印连接图层 Ctrl+Alt+E

盖印可见图层 Ctrl+Alt+Shift+E

将当前层下移一层 Ctrl+[

将当前层上移一层 Ctrl+]

将当前层移到最下面 Ctrl+Shift+[

将当前层移到最上面 Ctrl+Shift+]

任务实施

任务流程:新建文件→制作图形→录制动作→执行动作→设置滤镜→保存文件。

(1) 打开 Photoshop CC,新建文件,高度和宽度均设置为 500 像素。

(2) 设置前景颜色 RGB 的值为(255,255,0),选择"油漆桶工具" ,单击画面。

(3) 新建图层 1,选择"矩形选框工具" ,设置样式为"固定大小",设置宽度为 10 像素,设置高度为 500 像素,如图 2.50 所示。

图 2.50　选框工具属性设置

(4) 在画面最左边画一个矩形选区,设置前景颜色 RGB 的值为(255,0,0),选择"油漆桶工具" ,单击该矩形选区,将矩形选区填充为红色,如图 2.51 所示。

图 2.51　填充矩形选区

（5）选择"窗口"→"动作"命令，打开动作窗口，在动作窗口中单击"创建新动作"按钮🔲，打开"新建动作"对话框，设置如图 2.52 所示。

图 2.52　录制动作设置

（6）单击"记录"按钮，进入动作录制状态。

（7）复制图层 1，生成图层 1 副本，选中图层 1 副本，向右移动 10 像素（见图 2.53），在动作录制窗口中单击"停止播放/记录"按钮🔲。

图 2.53　录制动作

（8）连续按 F2 键 23 次,得到图形如图 2.54 所示。

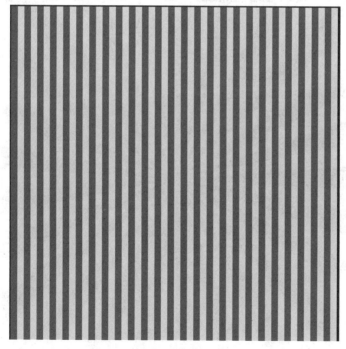

图 2.54　执行动作

（9）连续按 Ctrl＋E 键向下合并图层,将除背景图层以外的图层合成为一个图层 1。

（10）选中图层 1,选择"滤镜"→"扭曲"→"极坐标"命令,设置如图 2.55 所示。

图 2.55　滤镜设置

（11）单击"确定",效果如图 2.56 所示。

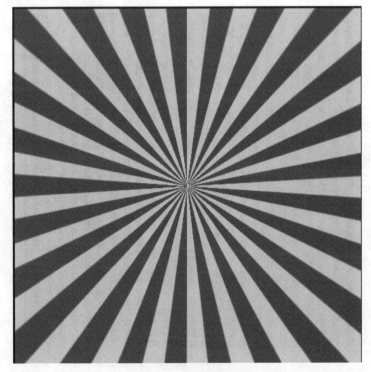

图 2.56　滤镜效果

（12）新建图层 2，选择"渐变工具"，将渐变颜色设置为从白色到黄色的渐变，渐变属性设置为"径向渐变"，从画面中央向外拖动鼠标，并设置图层的不透明度为 60％，最后效果如图 2.49 所示。

拓展知识

Photoshop CC 的工具箱（一）

（1）"单行选框工具"：用于创建高度为 1 像素的选区，如图 2.57 所示。

（2）"单列选框工具"：用于创建宽度为 1 像素的选区，如图 2.58 所示。

（3）"多边形套索工具"：主要用于创建多边形选区。沿不规则图形的边缘依次单击，最后创建出闭合选区，如图 2.59 所示。

图 2.57　单行选区　　　　图 2.58　单列选区　　　　图 2.59　多边形选区

（4）"磁性套索工具"：一种可识别边缘的创建选区工具，它能够自动分辨出不同颜色的边缘，最后完成一个闭合的选区，如图 2.60 所示。

（5）"快速选择工具"：用于使用圆形画笔笔尖快速"绘制"选区，如图 2.61 所示。

（6）"裁剪工具"：用于对画面进行裁切，而且不受图层的限制，按住鼠标左键创建出要裁切的区域，按 Enter 键确定即可，如图 2.62 所示。

（7）"切片工具"：在制作网页时使用，主要用于划分图像，如图 2.63 所示。

图 2.60　磁性套索　　　　　　图 2.61　快速选择

图 2.62　裁剪工具

图 2.63　切片工具

(8)"切片选择工具" ：在制作网页时使用，可以对切割好的切片进行选择和调整，如图2.64所示。

(9)"红眼工具" ：用于移除因使用闪光灯拍摄的人物照片中产生的"红眼"现象，也可用于移除因使用闪光灯拍摄的动物照片中产生的白色或绿色反光，如图 2.65所示。

图 2.64　切片选择工具

图 2.65　红眼工具

📝**小结**

本单元主要介绍了 Adobe Photoshop CC 的工作环境、应用领域等，并通过 6 个实际图像处理任务，重点学习了移动、选择、修补和仿制图章等工具和方法在图像处理工作中的使用，最后完成了 6 个实际的图像处理任务。

习　题

一、填空题

1. 使用钢笔工具时,选择_____属性可以建立形状图层,选择_____属性可以建立路径。

2. 使用魔棒工具时,属性中的容差值越大,选择区域越_____,容差值越小,选择区域越_____。

二、选择题

1. 橡皮擦工具属性中的流量的作用是_____。

A. 橡皮擦直径的大小　　　　　　　　B. 擦除的浓度

C. 擦除区域的大小　　　　　　　　　D. 以上都不是

2. 取消选区的快捷键是_____。

A. Shift+D　　　　　B. Ctrl+T　　　　　C. Ctrl+D　　　　　D. Shift+T

三、判断题

1. Adobe Photoshop CC 工具箱中不是只有窗口中见到的这些工具。　　　　　(　　)

2. 矩形选框工具只能建立一个矩形选区。　　　　　　　　　　　　　　　　(　　)

四、简答题

Adobe Photoshop CC 的工作窗口主要由哪些部分组成?

五、操作题

根据修整和美化图像自行修整一幅图像,并把修整前、后的图像进行比较。

图像合成

知识教学目标
- 掌握 Photoshop CC 选区的概念；
- 掌握 Photoshop CC 滤镜的概念；
- 掌握 Photoshop CC 存储选区的含义。

技能培养目标
- 能使用磁性套索工具建立并应用选区；
- 能使用滤镜对图像进行效果处理；
- 能利用 Photoshop CC 进行图像合成。

任务 3.1 飙 车

任务描述 🔍

本任务要将如图 3.1 所示的一张背景图片，如图 3.2 所示的一张汽车照片，如图 3.3 所示的一张猎豹图片，合成制作成一张车和豹奔驰的图片，最终结果如图 3.4 所示。

图 3.1 背景

图 3.2 汽车

图 3.3　猎豹

图 3.4　最终效果

知识准备

1. 抠图

抠图就是将图像的一部分提取出来进行单独处理,方法是首先选择选区,然后按下 Ctrl+J 键,此时,图像中被选出的部分自动新建成一个图层,这个图层就可以单独处理了。

2. 复制图层

复制图层可以使用菜单下的"图层"→"复制图层"命令,或在图层面板中右击图层名称,在弹出的菜单中选择"复制图层"命令,弹出"复制图层"对话框(见图 3.5),在对话框中输入图层名称即可。

抠图常用工具
和方法教学视频

图 3.5　"复制图层"对话框

3. 水平翻转

水平翻转是将图像在水平方向上转动,图像的垂直像素位置保持不变,它不同于水平旋转 180°。其操作方法是选中图片后,选择"编辑"→"自由变换"命令,然后在图片上右击,在弹出的菜单中选择"水平翻转"命令。

4. "移动工具"

"移动工具"是 Photoshop 中极常用的工具之一。按住鼠标左键,可以拖动本图层内的图案。使用其他工具时,按住 Ctrl 键可将其转换为"移动工具",如图 3.6 所示。

5. "画笔工具"

"画笔工具"主要用于绘制图像,但实际上,它远远超出了普通画笔的功能界限,通过画笔工具的属性设置,可以实现很多画笔功能,简单的使用如图 3.7 所示。

图 3.6　移动图片　　　　　　　　　　　图 3.7　画笔的使用

6. 滤镜

　　滤镜是图像处理的"灵魂"。其工作原理是通过对图像中像素的分析,按照每种滤镜的数学算法进行像素色彩和亮度等参数的调节。使用滤镜的操作是在菜单栏中选择"滤镜"选项,弹出滤镜下拉菜单,选择其中的滤镜效果,如图 3.8 所示。使用"滤镜"→"扭曲"→"水波"命令后的效果如图 3.9 所示。

图 3.8　滤镜下拉菜单　　　　　　　　　图 3.9　使用"水波"滤镜效果

任务实施

任务流程：打开图片→抠图→复制图层→图像合成→后期→修饰。

（1）打开文件。启动 Adobe Photoshop CC，分别打开"背景.jpg""车.jpg"和"豹.jpg"三个文件。

（2）抠图。用"磁性套索工具" 将车选出。按下 Ctrl＋J 键，把选出部分复制出一个新图层，命名为"图层 1"，如图 3.10 所示。用同样的方法选出猎豹，命名为"图层 2"。

图 3.10　抠出的车图

（3）选择猎豹图片。右击猎豹图片中的"图层 1"，选择"复制图层"命令，弹出"复制图层"对话框，命名为"图层 1"，目的文档项选"背景.jpg"，设置好后单击"确定"按钮，猎豹照片就复制到"背景.jpg"上。用同样的方法将车图的"图层 1"复制到"背景.jpg"，将其命名为"图层 2"，调整位置，如图 3.11 所示。

（4）关闭其他图片文件，将图 3.11 所示图像另存为"飙车"，单击"猎豹"图层，在主菜单下选择"编辑"→"自由变换"命令，此时"猎豹"图片被选中，在"猎豹"图片上右击，在弹出的菜单中选择"水平翻转"命令，此时"猎豹"变换了方向。

（5）按住 Shift 键，用鼠标左键拖动"猎豹"框右上角句柄，改变图像大小，使之与"背景"成比例（按住 Shift 键就是使图像在改变大小时保持纵横比不变）。使用"移动工具" 将"猎豹"移到合适位置。用同样的方法调整"车"的大小和位置，如图 3.12 所示。

图 3.11　复制后的图像　　　　　　　　图 3.12　调整后的图像

(6) 添加阴影。为了使"猎豹""车"与"背景"结合得更逼真,从光线角度要给图像加阴影。单击图层窗口中的"背景"图层,单击"创建新图层"图标 ,在"背景"图层上面新建一个图层,命名为"阴影 1",选择"画笔工具" ,在属性栏中设置主直径为 18,不透明度为 40%,在"猎豹"与"背景""车"与"背景"之间拖动鼠标添加阴影,如图 3.13 所示。多余部分可使用"橡皮擦工具" 擦去。

图 3.13 添加阴影

(7) 模拟背景的动感。在图层窗口中单击"背景"图层,在主菜单栏中选择"滤镜"→"模糊"→"径向模糊"命令("径向模糊"的快捷键是 Ctrl＋F),"径向模糊"设置如图 3.14 所示。用同样的方法模拟"车"和"猎豹"的动感。

图 3.14 径向模糊

(8) 保存图像,最后结果如图 3.4 所示。

拓展知识 🔍

Photoshop CC 的工具箱(二)

(1)"铅笔工具"　🖉：是一种常用的绘图工具,它模拟真实的铅笔进行绘画,产生一种硬性的边缘线效果,如图 3.15 所示。

(2)"颜色替换工具"　🖌：可以置换任何部分的颜色,并保留原有材质的感觉和明暗关系。其使用方法是首先选择"颜色替换工具",再设置工具属性,然后设置前景色,最后在图片上涂抹,如图 3.16 所示。

图 3.15　铅笔工具

图 3.16　颜色替换

(3)"图案图章工具"　🖫：其主要作用是制作图案,但它与"仿制图章工具"的取样方式不同。其使用方法是先建立选区,然后选择"编辑"→"定义图案"命令,取消选区,再选择"图案图章工具",在属性栏中选择刚才定义的图案,在图层上拖动鼠标,定义的图案就绘制出来了,如图 3.17 所示。

(4)"油漆桶工具"　🖌：主要用于在图像和选择区域内填充颜色和图案,使用油漆桶工具可以选择使用前景色填充或图案填充,使用图案填充要在属性栏中设置填充图案,如图 3.18 所示。设置完成后在图像上拖动鼠标或单击即可完成填充。

图 3.17　使用"图案图章工具"

图 3.18　选择填充图案

（5）"模糊工具" ：用于对图像或图案进行模糊处理，通过属性设置可以使图像变亮或变暗，如图 3.19 所示。

（6）"锐化工具" ：用于对图像或图案进行锐化处理，选择锐化工具，设置工具属性，在图像上拖动鼠标产生锐化效果，如图 3.20 所示。

图 3.19　模糊处理　　　　　　　　　　　　　图 3.20　锐化效果

任务 3.2　插　图

任务描述

本任务将分别使用插入和绘画等技术将如图 3.21 所示的三张图像合成为一张艺术化比较鲜明的图像，合成后的效果如图 3.22 所示。

美女　　　　　　　　　　　　鱼缸　　　　　　　　　　　　花

图 3.21　素材图片

图 3.22　合成效果

知识准备 🔍

1. 使用"渐变工具"可以创建多种颜色间的逐渐混合

实际上就是在图像中或者图像的某一部分区域填入一个具有多种颜色过渡的混合模式。这个混合模式可以是从前景色到背景色的过渡,也可以是前景色与透明背景间的相互过渡,或者是其他颜色的相互过渡。单击工具箱中的"渐变工具"按钮,在属性栏上显示渐变工具的属性选项,如图 3.23 所示。

图 3.23   渐变工具属性栏

下面对该属性栏中的各项参数进行介绍。

(1)渐变下拉列表框[   ]:在此下拉列表框中显示渐变颜色的预览效果图。单击其右侧的倒三角形,可以打开渐变的下拉面板,在其中可以选择一种渐变颜色进行填充。将鼠标指针移动到渐变下拉面板的渐变颜色上,会提示该渐变的颜色的名称。

(2)渐变类型[   ]:选择"渐变工具"后会有 5 种渐变类型可供选择,分别是"线性渐变""径向渐变""角度渐变""对称渐变"和"菱形渐变"。这 5 种渐变类型可以完成 5 种不同效果的渐变填充效果,其中默认的是"线性渐变"。

(3)模式[模式: 正常]:选择渐变的混合模式。

(4)不透明度[不透明度: 100%]:选择渐变的不透明程度。

(5)反向[反向]:勾选后,填充后的渐变颜色刚好与用户设置的渐变颜色相反。

(6)仿色[√仿色]:勾选后,可以用递色法来表现中间色调,使用渐变效果更加平衡。

(7)透明区域[√透明区域]:勾选后,将打开透明蒙版功能,使渐变填充可以应用透明设置。

使用渐变工具填充渐变效果的操作很简单,但是要得到较好的渐变效果,则与用户所选择的渐变工具和渐变颜色有直接的关系。所以,自己定义一个渐变颜色将是创建渐变效果的关键。

2. 图层样式

图层样式是 Photoshop 中一个用于制作各种效果的强大功能。利用图层样式功能可以简单快捷地制作出各种立体投影、质感以及光景效果的图像特效。与不用图层样式的传统操作方法相比较,图层样式具有速度更快,效果更精确,更强的可编辑性等无法比拟的优势。图层样式被广泛地应用于各种效果制作当中,主要体现在以下几个方面:

(1)通过不同的图层样式选项设置,可以很容易地模拟出各种效果。这些效果利用传统的制作方法会比较难实现,或者根本不能被制作出来。

(2)图层样式可以被应用于各种普通的、矢量的和特殊属性的图层上,几乎不受图层类别的限制。

(3)图层样式具有极强的可编辑性,当图层中应用了图层样式后,会随文件一起保存,可以随时进行参数选项的修改。

（4）图层样式的选项非常丰富，通过不同选项及参数的搭配，可以创作出变化多样的图像效果。

（5）图层样式可以在图层间进行复制、移动，也可以存储成独立的文件，将工作效率最大化。

当然，图层样式的操作同样需要读者在应用过程中注意观察，积累经验，这样才能准确迅速地判断出所要进行的具体操作和选项设置。

单击图层面板下边的"添加图层样式"按钮 ，弹出如图3.24所示的下拉菜单。

（1）投影：将为图层上的对象、文本或形状后面添加阴影效果。投影参数由"混合模式""不透明度""角度""距离""扩展"和"大小"等各种选项组成，通过对这些选项的设置可以得到需要的效果。

（2）内阴影：将在对象、文本或形状的内边缘添加阴影，让图层产生一种凹陷外观，对文本对象设置内阴影效果更佳。

（3）外发光：将从图层对象、文本或形状的边缘向外添加发光效果。设置参数可以让对象、文本或形状更精美。

（4）内发光：将从图层对象、文本或形状的边缘向内添加发光效果。

（5）斜面和浮雕：通过设置其"样式"下拉菜单将为图层添加高亮显示和阴影的各种组合效果。

图 3.24　添加图层样式下拉菜单

（6）光泽：将对图层对象内部应用阴影，与对象的形状互相作用，通常创建规则波浪形状，产生光滑的磨光及金属效果。

（7）颜色叠加：将在图层对象上叠加一种颜色，即用一层纯色填充到应用样式的对象上。利用"设置叠加颜色"选项可以通过"选取叠加颜色"对话框选择任意颜色。

（8）渐变叠加：将在图层对象上叠加一种渐变颜色，即用一层渐变颜色填充到应用样式的对象上。通过"渐变编辑器"还可以选择使用其他的渐变颜色。

（9）图案叠加：将在图层对象上叠加图案，即用一致的重复图案填充对象。利用"图案拾色器"还可以选择其他的图案。

（10）描边：使用颜色、渐变颜色或图案描绘当前图层上的对象、文本或形状的轮廓，对于边缘清晰的形状（如文本），这种效果尤其有用。

图层样式教学视频

任务实施

任务流程：打开图片→插图→下载使用水墨笔刷→抠图→设置图层样式→调整选区→保存图像。

（1）启动 Adobe Photoshop CC。新建一个空白文档，尺寸设置为 1000 像素×1000 像素。

（2）新建一个图层，选择"渐变工具"，渐变类型选择径向渐变。

（3）双击渐变下拉列表框 ，弹出"渐变编辑器"对话框，如图3.25所示。双击左边色标，弹出"拾色器（色标颜色）"对话框，设置色标颜色为#ffffff，如图3.26所示。

图 3.25　"渐变编辑器"对话框

图 3.26　"拾色器(色标颜色)"对话框

(4) 在图 3.25 中,双击右边色标,弹出"拾色器(色标颜色)"对话框,设置色标颜色为 ♯677faf。

(5) 在刚建立的图层上,由中心向边缘拉出 ♯ ffffff 到 ♯677faf 的渐变,如图 3.27 所示。

图 3.27　渐变效果

(6) 将图层不透明度 不透明度: 55% 设置为 55%。

(7) 打开"美女"图像文件,使用"套索工具"将"美女"图像文件中的模特从背景中抠出,拖动到创建好的文档中来,如图 3.28 所示。

图 3.28　拖入图像效果

载入笔刷

（8）下载水墨笔刷。选择"画笔工具" ，载入水墨笔刷，载入后为模特图层添加蒙版，在模特的腿部及右侧胳膊处绘制，试着使用不同的笔刷来表现出随机的效果，如图 3.29 所示。

图 3.29　使用水墨笔刷效果

（9）打开"花"图像文件，使用"魔棒工具"　，容差设置为 32 容差：32 ，工具属性中选"添加到选区"　，单击空白区域，此时空白区域被选取中，继续单击花枝部分，将花枝部分一起选中。

（10）按 Ctrl＋Shift＋I 键反选选区，此时"花"被选中，按 Ctrl＋J 键，将"花"建立一个新的图层。

（11）将"花"拖到"美女"图中，此时自动新建一个"花"图层，选择"编辑"→"变换"→"缩放"命令，将"花"缩小到满意为止，放到合适位置。

（12）复制"花"图层，选择此图层，选择"编辑"→"变换"→"自由变换"命令，调整"花"的大小、方向、位置，如图 3.30 所示。

（13）打开"鱼缸"图像文件，将"鱼缸"拖入图 3.30 中，确认"鱼缸"为当前工作层，单击图层面板底部的"添加图层样式"按钮 ，在弹出的下拉菜单中选择"混合选项"命令，弹出"图层样式"对话框，如图3.31所示。

图3.30 插入"花"的效果

（14）按住Alt键，将鼠标光标放置在如图3.31所示的三角形按钮上，按住左键拖曳鼠标，左右移动三角形。用相同的方法，按住Alt键，对其他三角形的位置也进行调整，如图3.31所示，在调整时要注意画面的效果。

图3.31 "图层样式"对话框

（15）对图像进行混合处理后，可以看出图像的阴影轮廓还清晰可见，如图3.32所示。下面利用画笔工具和蒙版进行融合处理。单击图层面板底部的"添加图层蒙版"按钮，为图层添加蒙版。

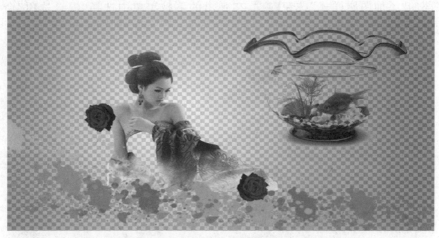

图 3.32　混合处理效果

（16）设置工具箱中的前景色为黑色。单击工具箱中的"画笔工具" ，设置合适大小的笔头，然后在图像的边缘轮廓位置进行蒙版编辑，调整位置，直到满意为止。最终效果如图 3.22 所示，保存结果。

任务 3.3　跨海大桥

任务描述

本任务将分别使用图层蒙版和不透明度等技术将如图 3.33、图 3.34、图 3.35 所示的三张图像合成为一张图像，合成后的效果如图 3.36 所示。

图 3.33　海

图 3.34　高铁

图 3.35　船

图 3.36　合成效果

知识准备

1. 图层蒙版

图层蒙版相当于一块能使物体变透明的布,在布上涂黑色时,物体变透明,在布上涂白色时,物体显示,在布上涂灰色时,半透明。

也可以这样说,Photoshop 中的图层蒙版中只能用黑白色及其中间的过渡色(灰色)。

(1)蒙版中的黑色就是蒙住当前图层的内容,显示当前图层下面的层的内容。

(2)蒙版中的白色则是显示当前层的内容。

(3)蒙版中的灰色则是半透明状,图层下面的层的内容则若隐若现。

图层蒙版就是在当前图层上,露出想露出的部分(白色),方便修改。如果使用删除,将不需要的部分删除掉,那么将来在需要调整的时候还需要重新置入图片。如果使用蒙版的话,可以随时调整蒙版,让更多或更少的部分露出来。

图层蒙版的用途如下:

(1)图层蒙版是一种特殊的选区。但它的目的并不是对选区进行操作,相反,而是要保护选区不被操作。同时,不处于蒙版范围的地方则可以进行编辑与处理。蒙版虽然是种选区,但它跟常规的选区颇为不同。常规的选区表现了一种操作趋向,即将对所选区域进行处理;而蒙版却相反,它是对所选区域进行保护,让其免于被操作,而对非掩盖的地方应用操作。

(2)图层蒙版可以完美融合图像,如制作倒影、融合图像等(图层蒙版中黑白灰渐变)。

(3)图层蒙版可以保留半透明过渡。

(4)图层蒙版可进行羽化操作。在图层上用选区工具画出想要的形状,并对图层蒙版进行羽化。

(5)图层蒙版可以抠半透明图。用图层蒙版来抠图的最大好处就是:尽可能地保留了半透明的部分,过渡比通道要细腻得多。蒙版的黑灰白是直接遮盖了图像。

2. 快速打开文件

双击 Photoshop 的背景空白处(默认为灰色显示区域)即可打开选择文件的浏览窗口。

3. 随意更换画布颜色

选择"油漆桶工具"并按住 Shift 键单击画布边缘,即可设置画布底色为当前选择的前景色。如果要还原到默认的颜色,设置前景色为 25%灰度(R192,G192,B192)再次按住 Shift键单击画布边缘。

4. 获得精确光标

按 Caps Lock 键可以使画笔和磁性工具的光标显示为精确十字线,再按一次可恢复原状。

5. 显示或隐藏控制板

按 Tab 键可切换显示或隐藏所有的控制板(包括工具箱),如果按 Shift＋Tab 组合键则工具箱不受影响,只显示或隐藏其他的控制板。

6. 自由控制大小

缩放工具的快捷键为"Z",此外"Ctrl＋Space"组合键为放大工具,"Alt＋Space"组合键为缩小工具,但是要配合鼠标单击才可以缩放;同时按 Ctrl "+"键或"-"键分别放大或缩小图像;连续按 Ctrl+ Alt +"+"或 Ctrl+ Alt +"-"可以放大或缩小显示窗口。

任务实施 ⚙

任务流程:新建文件→插入图片→添加图层蒙版→调整图层→保存图像。

(1)打开"海"背景图片,如图 3.37 所示。

(2)将"高铁"图片文件拖入到画面中,自动生成"高铁"图层,调整图像位置、方向和大小,如图 3.37 所示。

图 3.37 插入图片

(3)选中"高铁"图层,单击图层面板下面的"添加图层蒙版"按钮▣,为"高铁"图层添加图层蒙版,如图 3.38 所示。

图 3.38 添加图层蒙版

(4)选择"画笔工具",设置前景色为黑色,背景色为白色,画笔流量为 36%,在"高铁"图层上涂抹,保留"高铁"部分。

（5）设置"高铁"图层的不透明度为 60％，效果如图 3.39 所示。

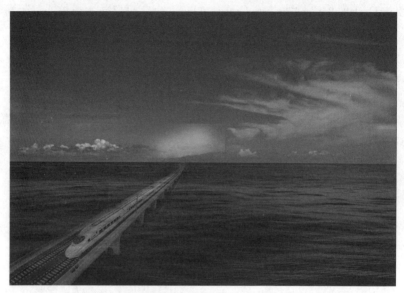

图 3.39　设置不透明度

（6）用同样的方法处理"船"图像，最后结果如图 3.36 所示。

任务 **3.4**　路 径 文 字

任务描述 ⊕

本任务将使用路径文字围绕"地球"制作内、外文字效果，制作后的效果如图 3.40 所示。

图 3.40　效果图

知识准备 ⊕

路径文字

在实际工作中使用 PS,经常会需要制作沿着路径方向排列的文字,如弧形、扇形、半圆形,圆形的文字等,这样的文字叫"路径文字"。制作路径文字时经常遇到的困难是调整文字的位置,下面介绍如何调整文字的位置:

1. 调整文字在路径上的位置

选择"路径选择工具" ，激活当前路径文字,将鼠标指针放到文字上,当鼠标指针变成文字加一个三角箭头的时候,沿着路径外边缘拖动,就能够移动路径的环绕位置,如图 3.41 所示。

图 3.41　移动路径文字位置

2. 调整文字到路径内侧

选择"路径选择工具" ，激活当前路径文字,将鼠标指针放到文字上,当鼠标指针变成文字加一个三角箭头的时候,沿着半径方向向内拖动,就能够使文字移动到路径的内侧位置,如图 3.42 所示。

路径文字教学
视频

图 3.42　移动路径文字到路径内侧

3. 建立工作路径

建立工作路径的方法有三种:

(1) 选择工具箱里的"钢笔工具",在工具属性中类型选择路径,然后在绘图区绘制路径。

(2) 建立一个选区,右击,在弹出的快捷菜单中选择"建立工作路径"。

（3）选择工具箱里的图形工具组中的某一个，例如"矩形工具"，将其工具属性中的类型选择路径，然后在编辑区绘制形状路径。

任务实施 🔍

任务流程：打开文件→建立工作路径→添加文字→调整文字位置→添加图层蒙版→添加图层样式→保存图像。

（1）打开背景图片，如图 3.43 所示。

图 3.43　打开背景图片

（2）选择"椭圆选框工具" ，按住 Shift 键绘制正圆选区，如图 3.44 所示。

图 3.44　绘制正圆选区

（3）在选区上右击，弹出快捷菜单，选择"建立工作路径"，如图 3.45 所示。然后在弹出的对话框中单击"确定"。

图 3.45　建立工作路径

（4）选择"横排文字工具" T，字体选择"华文隶书"，大小选择"48 点"，消除锯齿的方法选择"浑厚"，颜色 RGB 选择（255,0,0）。

（5）移动光标到路径上，当光标形状变为 时单击，输入文字"设计环形外路径文字方法"，如图 3.46 所示。

图 3.46　输入文字

（6）选择"编辑"→"变换路径"→"透视"，调整路径形状，如图 3.47 所示。

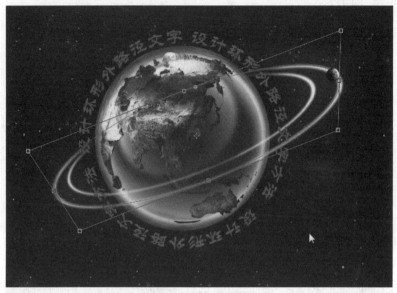

图 3.47　调整路径形状

（7）选择"移动工具"，在弹出的对话框中选择"应用"，文字随路径变化，如图 3.48 所示。

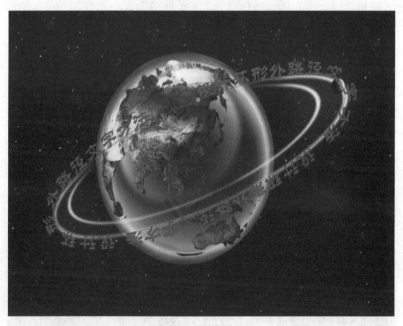

图 3.48　文字位置

（8）选中文字图层，单击图层窗口下方的"添加图层蒙版"按钮 ▣，为文字图层添加图层蒙版。

（9）设置前景色为黑色，选择"画笔工具" 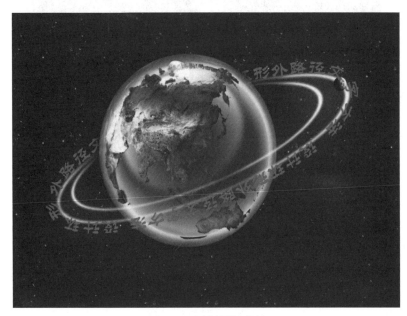，涂抹掉"地球"上方的文字，如图 3.49 所示。

图 3.49　添加图层蒙版

（10）单击图层窗口下方的"添加图层样式"按钮fx，打开"图层样式"窗口，选中"渐变叠加"，渐变选择"色谱"，设置如图 3.50 所示，单击"确定"。效果如图 3.51 所示。

图 3.50　渐变叠加设置

图 3.51　渐变叠加效果

（11）用同样的方法再建立一个路径，输入路径文字"设计环形内路径文字方法"。

（12）选择"路径选择工具" ，移动鼠标指针到路径上，当鼠标指针变成 形状时向内拖动鼠标，最后效果如图 3.40 所示。

任务 3.5　水中倒影

任务描述

本任务通过图层蒙版、垂直翻转和不透明度设置等操作实现水中倒影效果，并通过文字变形制作特殊文字效果，制作后的效果如图 3.52 所示。

图 3.52　水中倒影效果图

知识准备 🔍

1．缩放

选择"编辑"→"变换"→"缩放"命令，选定对象上出现一个矩形调节框和 8 个节点，拖动 8 个节点可以实现选定对象的缩放变换。

2．旋转

选择"编辑"→"变换"→"旋转"命令，选定对象上出现一个矩形调节框和 8 个节点，当鼠标指针移动到节点时变成转动形状，转动 8 个节点可以实现选定对象的旋转变换。

3．斜切

选择"编辑"→"变换"→"斜切"命令，选定对象上出现一个矩形调节框和 8 个节点，拖动 8 个节点可以实现选定对象的斜切变形。

4．扭曲

选择"编辑"→"变换"→"扭曲"命令，选定对象上出现一个矩形调节框和 8 个节点，拖动 8 个节点可以实现选定对象的扭曲变形。

5．透视

选择"编辑"→"变换"→"透视"命令，选定对象上出现一个矩形调节框和 8 个节点，拖动 8 个节点可以实现选定对象的透视变形。

6．变形

选择"编辑"→"变换"→"变形"命令，选定对象上出现一个网格调节框和 12 个节点，拖动 12 个节点或网格线可以实现选定对象的变形变换。

7．水平翻转

选择"编辑"→"变换"→"水平翻转"命令，选定对象自动在水平方向上实现一个翻转变换。

8．垂直翻转

选择"编辑"→"变换"→"垂直翻转"命令，选定对象自动在垂直方向上实现一个翻转变换。

变换教学视频

任务实施 🔍

任务流程：打开文件→添加图层蒙版→复制图层→图像变换→调整不透明度→处理文字→保存图像。

（1）打开 Photoshop CC，新建文件，高度和宽度均设置为 600 像素，背景选择白色。

（2）打开"城堡"图片，将"城堡"图片拖到新建文件中，自动生成图层 1。

（3）选中图层 1，按 Ctrl＋T 键，调整图片的大小和位置，如图 3.53 所示。

图 3.53　调整"城堡"图片

（4）打开"湖水"图片，将"湖水"图片拖到新建文件中，自动生成图层 2。

（5）选中图层 2，按 Ctrl＋T 键，调整图片的大小和位置，如图 3.54 所示。

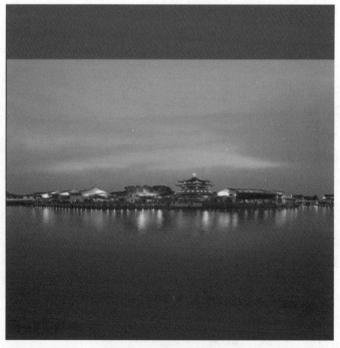

图 3.54　调整"湖水"图片

（6）选中图层 2，单击图层窗口下方的"添加图层蒙版"按钮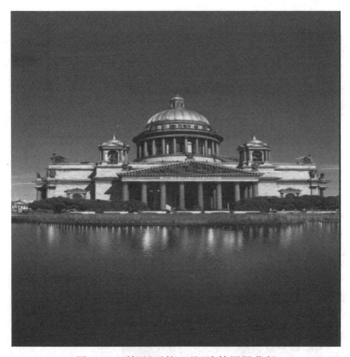，为图层 2 添加图层蒙版。

（7）选择"画笔工具"，设置前景色为黑色，用"画笔工具"涂抹画面上方，效果如图 3.55 所示。

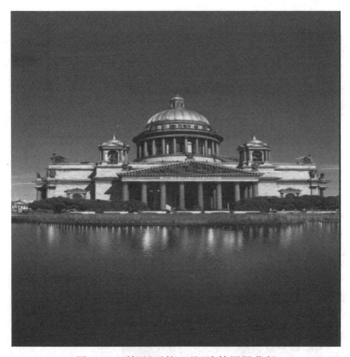

图 3.55　利用"画笔工具"涂抹图层蒙版

（8）选中图层 1，使用"磁性套索工具"，选出"城堡"选区，如图 3.56 所示。

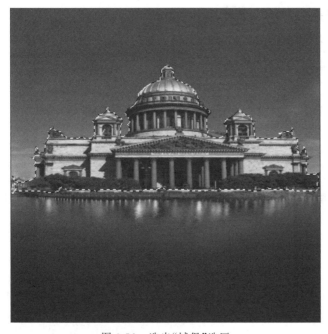

图 3.56　选出"城堡"选区

（9）按 Ctrl＋J 键，复制选区，自动生成图层 3。

（10）将图层 3 置于图层 2 的上方。

（11）选中图层 3，选择"编辑"→"变换"→"垂直翻转"命令，调整图像位置和大小，设置不透明度为 36％，如图 3.57 所示。

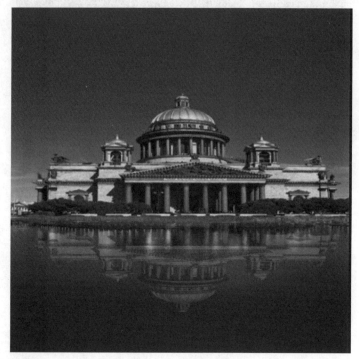

图 3.57　变换选区

（12）选择"横排文字工具" ，设置字体为"华文隶属"，大小为"60 点"，消除锯齿方法为"浑厚"，颜色设置为"白色"。单击画面，输入文字"水中倒影"，选中文字，单击"创建文字变形"按钮 ，设置文字样式为"花冠"。最后效果如图 3.52 所示。

任务 3.6　毛发抠图

任务描述 🔍

本任务利用"调整边缘"功能，实现毛发抠图，并进行图像合成，制作后的效果如图 3.58 所示。

图 3.58 最后效果图

知识准备

调整边缘

我们在使用 Photoshop 的时候,常常需要对毛发进行抠图,并在抠图时对物体边缘进行处理,这就要使用调整边缘的功能。调整边缘的过程如下:

(1)选择"魔棒工具" ,设置属性为"添加到选区" ,单击选出背景选区,如图 3.59 所示。

图 3.59 选出背景选区

（2）按 Ctrl＋Shift＋I 键反选选区，执行菜单中的"选择"→"调整边缘"命令，如图 3.60 所示。

图 3.60　执行"选择"→"调整边缘"

调整边缘教学
视频

（3）在"调整边缘"对话框中选择"调整半径工具 E 监测区域"按钮，按住鼠标左键涂抹毛发边缘，这时能够看到毛发边缘留下了，毛发之间的背景残余被涂抹掉了，结果如图 3.61 所示。

图 3.61　涂抹毛发边缘效果

任务实施

任务流程：打开文件→添加选区→调整边缘→复制图层→合成图像→保存文件。

（1）打开原图文件，如图 3.62 所示。

图 3.62　原图

（2）选择"魔棒工具" ![魔棒工具]，设置属性为"添加到选区" ![添加到选区]，单击选择深红色背景，同时可以右击，在弹出的菜单中选择"选取相似"（目的是尽可能地把背景部分多选一点出来，同时把被选中的眼睛等小兔身体部分减去），如图 3.63 所示。

图 3.63　背景选区

（3）按 Ctrl＋Shift＋I 键反选选区，选区基本上已经把小兔包围了，如图 3.64 所示。接着执行菜单中的"选择"→"调整边缘"命令（见图 3.65），打开"调整边缘"对话框，如图 3.66所示。

图 3.64　图像选区

图 3.65　执行"选择"→"调整边缘"

图 3.66　"调整边缘"对话框

（4）此时图像已经与背景分离，如图 3.67 所示。在"调整边缘"对话框中选择"调整半径工具 E 监测区域"按钮　，按住鼠标左键涂抹兔毛边缘，这时能够看到兔毛边缘留下了，兔毛之间的背景残余被涂抹掉了，结果如图 3.68 所示。

图 3.67　图像与背景分离

图 3.68　涂抹兔毛边缘效果

（5）按 Ctrl＋J 键，把抠出来的图像复制出来。

（6）打开背景图片，把抠出来的小兔图片合成到背景图片中，调整位置和大小，效果如图 3.58 所示。

（7）保存文件。

拓展知识 🔍

调板窗口的使用方法

调板窗口是浮动窗口,可以通过选择菜单栏中的"窗口"命令打开或关闭调板窗口。Photoshop CC 中的调板都被放在界面的右侧,如图 3.69 所示。Photoshop CC 中的调板可全部浮动在工作窗口中,用户可以根据实际需要显示或隐藏调板,也可以将调板放置在屏幕的任意位置上。

(1)"测量记录"调板:当测量对象时,"测量记录"调板会记录测量数据。此记录中的每一行表示一个测量组,列表示测量组中的数据点,如图 3.70 所示。

(2)"导航器"调板:拖动"导航器"调板下边的滑标可以放大或缩小正在编辑的图像,并可以在放大后用随意拖动的方式来观察图像,如图 3.71 所示。

(3)"信息"调板:显示当前光标所在区域的颜色、位置、大小及不透明度等信息,如图 3.72 所示。

(4)"直方图"调板:提供了很多用来查看与图像有关的色调和颜色信息的功能。默认状态下,"直方图"调板显示整个图像的色调范围,如图 3.73 所示。

图 3.69　调板窗口

图 3.70　"测量记录"调板

图 3.71　"导航器"调板

图 3.72　"信息"调板

（5）"颜色"调板：用来选择或设置颜色，通过输入 RGB 值或拖动下边的滑标◭改变颜色值，如图 3.74 所示。

图 3.73　"直方图"调板

图 3.74　"颜色"调板

（6）"历史记录"调板：自动记录当前正编辑的图像的编辑操作过程，单击前面记录的操作步骤，可随时抵达所需的步骤，也可通过"删除"按钮🗑删除相应操作，如图 3.75 所示。

图 3.75　"历史记录"调板

（7）"图层"调板：是 Photoshop CC 中的重要调板，用于合成图像、新建图层、应用效果等大部分操作。执行图层操作可通过右键快捷菜单或直接单击调板下边的按钮，如图 3.76 所示。

（8）"通道"调板：用于显示将图像分解后的颜色数据，并可用来转换成选区和保存选区，添加 Alpha 通道等，如图 3.77 所示。

图 3.76　"图层"调板

图 3.77　"通道"调板

> ✍ **小结**
>
> 　　本单元介绍了图像的抠图技术、图层的基本操作等，并通过 6 个实际图像合成任务，重点学习了磁性套索工具、滤镜、魔棒工具、移动工具和选框工具等在图像处理工作中的使用方法和技巧，最后完成了 6 个实际的图像合成项目。

习　题

一、填空题

1. 常用的图层样式有 _____、_____、_____、_____、_____、_____、_____ 等。

2. Adobe Photoshop CC 中存储选区使用 _____ 命令，载入选区使用 _____ 命令。

二、选择题

1. 在图像抠图中，使用快捷键 _____ 可以将选区复制成图层。

A. Ctrl＋A　　　　　　B. Shift＋A　　　　　　C. Alt＋J　　　　　　D. Ctrl ＋J

2. 移动工具 _____。

A. 只能选择移动工具后才能使用

B. 可以在使用其他工具时，按住 Ctrl 键使用

C. 任意时刻都可以使用

D. 以上都不对

三、判断题

1. 用选框工具和移动工具移动选区效果是一样的。　　　　　　　　　　　　（　　）

2. 使用水平旋转 180°和选择"编辑"→"自由变换"命令，然后在图片上右击，在弹出的菜单中选择"水平翻转"命令的效果是一样的　　　　　　　　　　　　　　　　（　　）

四、简答题

在使用魔棒工具时，属性栏中的"新选区"和"添加到选区"有何异同？

五、操作题

请自行在网上下载 2～3 幅图片，并将其合成为一幅有一定意义的图片。

简单的音、视频处理

知识教学目标

- 掌握 Premiere Pro CC 启动时各种设置的含义；
- 掌握 Premiere Pro CC 的影片编辑制作流程；
- 掌握 Premiere Pro CC 工作界面的组成。

技能培养目标

- 能使用 Premiere Pro CC 的"剃刀工具""平移工具"和"选择工具"对图像进行处理；
- 能完成"导入文件""增加音频轨""音量控制""声音合成""音频特效滤镜"和"声音文件的输出"等操作；
- 能使用 Premiere Pro CC 进行音乐合成和字幕制作。

任务 4.1　动听的音乐合成

任务描述 ⊙

本任务介绍将一个声音文件中间不必要的部分删除，改变任意处声音的大小，声音前后采用淡入淡出的效果。最后与另一声音文件合成为一个和谐的音乐（素材可在网上下载，效果可由学生自主设计）。

知识准备 ⊙

1. Premiere Pro CC 简介

Premiere Pro CC 是 Adobe 公司于 2013 年推出的一款基于非线性编辑设备的音频、视频编辑软件，被广泛应用于电影、电视、多媒体、网络视频、动画设计以及家庭 DV（数字视频）等领域的后期制作中，有很高的知名度。Premiere Pro CC 可以实时编辑 HDV、DV 格式的视频影像，并可与 Adobe 公司其他软件完美整合，为制作高效数字视频树立了新的标准。

2. 影片编辑制作流程

用非线性编辑软件制作电视节目时，一般需要这样几个步骤：首先创建一个"项目文件"；再对拍摄的素材进行采集，存入计算机；然后再将素材导入到项目窗口中，通过剪辑并在时间线窗口中进行装配、组接素材，还要为素材添加特技、字幕，再配好解说，添加音乐、音效；最后把所有编辑（装配）好的素材合成影片，导出文件（输出）。这个过程就是影片编辑制作流程。

3. 启动 Premiere Pro CC

在 Windows 7 系统下，选择"开始"→"所有程序"→"Adobe Premiere Pro CC"命令，弹出如图 4.1 所示启动界面，单击"新建项目"选项，弹出"新建项目"对话框，如图 4.2 所示。

图 4.1　启动 Premiere Pro CC

图 4.2　"新建项目"对话框

将"常规"选项卡中"视频"栏里的"显示格式"设置为"时间码"，"音频"栏里的"显示格式"设置为"音频采样"，"捕捉"栏里的"捕捉格式"设置为"DV"。在"位置"栏里，设置项目保存的路径和文件夹名，在"名称"栏里填写制作的影片片名。单击"暂存盘"选项卡，界面如图4.3 所示。

在"暂存盘"选项卡的"捕捉的视频"项中选择"与项目相同"；在"捕捉的音频"项中选择"与项目相同"；在"视频预览"项中选择"与项目相同"；在"音频预览"项中选择"与项目相同"；在"项目自动保存"项中选择"与项目相同"。单击"确定"按钮后，就进入了 Adobe Premiere Pro CC 非线性编辑工作界面。

4. Premiere Pro CC 的工作界面

Premiere Pro CC 的工作界面由三个窗口（项目窗口、监视器窗口和时间线窗口）、多个控制面板（媒体浏览、信息面板、历史面板、效果面板、特效控制台面板和调音台面板等）、主声道电平显示、工具箱和菜单栏组成，如图 4.4 所示。

图 4.3 "暂存盘"选项卡

图 4.4 Premiere Pro CC 的工作界面

5. 导入素材

在 Premiere Pro CC 工作窗口下,选择菜单栏中的"文件"→"导入"命令,或在项目窗口下右击,在弹出的菜单中选择"导入"命令,均可将素材导入到项目窗口。

6. 放置素材

素材导入到项目窗口后不能直接编辑,还要将素材放到时间线窗口中相应的轨道上,放置方法是从项目窗口中拖动素材到相应的轨道上。

素材导入与装配教学视频

7. "剃刀工具"

选择工具箱中的"剃刀工具" ，在轨道上的素材上单击一下就可将素材分成两部分，可以单独处理。

8. "选择工具"

工具箱中的"选择工具" 用于选择素材目标，单击该工具按钮后单击对象即可选中对象，主要用于素材的选择、移动及关键帧设置等一系列操作，它是编辑中最常用到的工具。

9. 音量设置

在音频轨道前端有一个"折叠—展开轨道"按钮，单击该按钮展开轨道，在展开轨道的最前端有一个"设置显示样式"按钮 ，单击此按钮弹出菜单，选择"显示波形"命令，在音频轨道的素材上就出现一条波形线，向上或向下拖动波形线就可以调整素材音量的大小。

10. 声音特效设置

在工作窗口的左下角有一个制作面板，单击"效果"标签，出现效果面板，如图4.5所示。单击"音频效果"选项前面的 按钮展开特效，拖动相应的特效到音频轨道的素材上，便可完成音频特效的设置。

图4.5　效果面板

11. 试听效果

音、视频素材处理结束后，可以单击监视器下的"播放—停止"按钮 试听或停止，也可以直接按下 Space 键开始播放，再按下 Space 键停止播放。

12. 结果输出

文件编辑结束后选择"文件"→"保存"命令，保存项目，保存的项目类型自动设置为"＊.prproj"。选择"文件"→"导出"→"媒体"命令，可以将文件导出为多种格式的文件。

任务实施

任务流程：导入文件→剪裁移动→声音效果设置→音乐合成→设置音频特效→声音文件输出。

（1）导入文件。启动 Premiere Pro CC，新建项目，单击文件菜单下的"导入"→"文件"命令，在弹出的对话框中选择要导入的声音文件，单击"打开"按钮就可以将声音文件导入到素材窗口中（本例导入的是"bg.mp3"文件），如图4.6所示。

图 4.6　导入文件

（2）将素材放到音频 1 轨道上。拖动素材窗口中的"音乐"文件图标到音频 1 轨道，如图4.7 所示。

图 4.7　拖动"音乐"文件图标到音频 1 轨道

（3）试听。单击监视器窗口中的"播放"按钮▶，试听音乐效果。按 Space 键可暂停或继续试听，也可拖动时间线中的"滑标"Ⅴ设定试听位置。

（4）剪裁。音乐文件的开始部分没有声音、音乐后面太长，可以剪掉这两个部分。试听音乐，在出现声音之前按下 Space 键暂停播放，选择工具箱中的"剃刀工具" ，在"滑标"的停留线处单击，此时音轨上的文件被分成两部分，选择工具箱中的"选择工具" ，单击音轨上被分开的前部分，按下 Delete 键或右击，在弹出的菜单中选择"剪切"命令，前部分被删除，如图 4.8 所示。用同样方法删除后面太长的音乐。

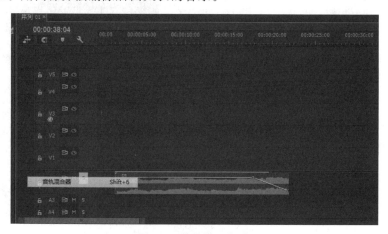

图 4.8　剪切前面部分

（5）移动。选择工具箱中的"选择工具" ，拖动音轨上留下的部分向左移动到最左边。

（6）声音音量设置。单击时间线上"音频 1"左边的小三角 ，展开声音文件。在波形的中间有一根黄线，用来控制音量。按住 Ctrl 键单击黄线可增加控制点，向上或向下拖动控制点可增大或减小音量，如图 4.9 所示（注：要删除控制点，只需将控制点拖动到轨道外就行了）。

图 4.9　声音音量设置

（7）音乐合成。导入另一个"伴奏音乐"文件（本例导入的是"架子鼓.mp3"文件），并拖入到音频 2 轨道。试听效果，对"伴奏音乐"进行剪裁和音效调整，使之符合"音乐文件"的效果，如图 4.10 所示。

图 4.10　音乐合成

（8）声音特效设置。Premiere Pro CC 提供了 40 多种音频特效插件（分成了 3 类），如图 4.11 所示，几乎包括了各种常用的声音特效（如平衡、混响、低音、和唱、去除噪声和声道交换等）。单击类型名称组前的小三角，可以展开各组特效，如图 4.11 所示。

（9）设置音频特效。将 Reverb（混响）图标拖放到音轨 2 中，给"伴奏音乐"添加混响效果。试听音乐，体会 Reverb（混响）效果。选择"文件"→"保存"命令，保存项目。

（10）声音文件的输出。选择"文件"→"导出"→"媒体"命令，弹出如图 4.12 所示的对话框，进行参数设置。单击"确定"按钮，自动打开"媒体编码器"窗口，单击"开始输出"按钮，开始生成相应文件。

图 4.11　声音特效列表

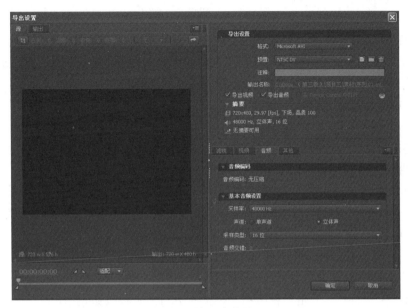

图 4.12　输出参数设置

拓展知识

项目窗口、监视器窗口和时间线窗口

1. 项目窗口

项目窗口主要用于导入、存放和管理素材。编辑影片所用的全部素材应事先存放于项目窗口里，然后再调出使用。项目窗口的素材可以用列表和图标两种视图方式来显示，包括素材的缩略图、名称、格式和出入点等信息；也可以为素材分类、重命名或新建一些类型的素材。导入、新建素材后，所有的素材都存放在项目窗口里，用户可以随时查看和调用项目窗口中的所有文件（素材）。在项目窗口双击某一素材可以打开素材源监视器窗口。

项目窗口按照不同的功能可以分为以下几个功能区。

1）预览区

项目窗口的上部分是预览区。在素材区单击某一素材文件，就会在预览区显示该素材的缩略图和相关的文字信息。对于影片、视频素材，选中后按下预览区左侧的"播放/停止切换"（▶）按钮，可以预览该素材的内容。当播放到该素材有代表性的画面时，按下"播放"按钮上方的"标识帧"按钮，便可将该画面作为该素材的缩略图，便于用户识别和查找。

此外，还有"查找"和"入口"两个用于查找素材区中某一素材的工具。

2）素材区

素材区位于项目窗口中间部分，主要用于排列当前编辑的项目文件中的所有素材，可以显示包括素材类别图标、素材名称、格式在内的相关信息。其默认显示方式是列表方式，如果单击项目窗口下部的工具条中的"图标视图"按钮，素材将以缩略图方式显示；再单击工具条中的"列表视图"按钮，可以返回列表方式显示。

3) 工具条

位于项目窗口最下方的工具条提供了一些常用的功能按钮,如素材区的"列表视图" ▤ 和"图标视图" ▦ 显示方式图标按钮,还有"自动匹配序列" ▥、"查找" 🔍、"新建素材箱" ▭、"新建项" ▥ 和"清除" 🗑 等图标按钮。单击"新建项"图标按钮,会弹出快捷菜单,用户可以在素材区中快速新建如"序列""脱机文件""字幕""彩条""黑场视频"等类型的素材。

4) 下拉菜单

单击项目窗口右上角的小三角按钮(▼),会弹出快捷菜单。该菜单命令主要用于对项目窗口素材进行管理,其中包括工具条中相关按钮的功能。

2. 监视器窗口

监视器窗口分左、右两个视窗(监视器)。左边是素材源监视器,主要用来预览或剪裁项目窗口中选中的某一原始素材;右边是节目监视器,主要用来预览时间线窗口序列中已经编辑的素材(影片),也是最终输出视频效果的预览窗口。

1) 素材源监视器

素材源监视器的上部分是素材名称。单击右上角的三角按钮,会弹出快捷菜单,包括关于素材窗口的所有设置,可以根据项目的不同要求以及编辑的需求对素材源监视器窗口进行模式选择。

中间部分是监视器。可以在项目窗口或时间线窗口中双击某个素材,也可以将项目窗口中的某个视窗直接拖至素材源监视器中将它打开。监视器的下方分别是素材时间编辑滑块、时间码、窗口比例选择、素材总长度。

下部分是素材源监视器的控制器及功能按钮。其左边有"设置入点"({)、"设置出点"(})、"设置未编号标记" ▣、"跳转到入点"({←)、"跳转到出点"(→})、"播放入点到出点"({▶})按钮;右边有"循环" 🔁、"安全框" ⊞、"输出" 🖼 (包括下拉菜单)等;中间有"跳转到前一编辑点" ◄、"步退" ◀、"播放(或停止)" ▶、"步进" ▶、"跳转到下一编辑点" ▶ 按钮,还有"飞梭"(快速搜索) ▭ 和"微调" ▥▥ 工具。

2) 节目监视器

节目监视器很多地方与素材源监视器相类似或相近。节目监视器用来预览时间线窗口选中的序列,为其设置标记或指定入点和出点以确定添加或删除的部分帧。其右下方还有"提升""提取"按钮,用来删除序列选中的部分内容,而修整监视器用来调整序列中编辑点的位置。

3. 时间线窗口

时间线窗口是以轨道的方式实施视频、音频组接编辑素材的阵地,用户的编辑工作都需要在时间线窗口中完成。素材片段按照播放时间的先后顺序在时间线上从左至右、由上至下排列在各自的轨道上,可以使用各种编辑工具对这些素材进行编辑操作。时间线窗口分为上、下两个区域:上方为时间显示区;下方为轨道区。

1) 时间显示区

时间显示区是时间线窗口工作的基准,承担着指示时间的任务。它包括时间标尺、时间编辑线滑块及工作区域。左上方的时间码显示的是时间编辑线滑块所处的位置。单击时间码,可以输入时间,使时间编辑线滑块自动停到指定的时间位置。也可以在时间栏中按住鼠标左键并水平拖动鼠标来改变时间,确定时间编辑线滑块的位置。

时间码下方有"吸附"图标按钮■(默认被激活),在时间线窗口轨道中移动素材片段的时候,可使素材片段边缘自动吸引对齐。此外,还有"设置 Encore 章节标记"图标按钮■和"设置未编号标记"图标按钮■。

时间标尺用于显示序列的时间,其时间单位以项目设置中的时基设置(一般为时间码)为准。时间标尺上的编辑线用于定义序列的时间,拖动时间编辑线滑块可以在节目监视器窗口中浏览影片内容。时间标尺上方的标尺缩放条工具和窗口下方的缩放滑块工具效果相同,都可以控制标尺精度,改变时间单位。时间标尺下是工作区控制条,它确定了序列的工作区域,在预演和渲染影片的时候,一般都要指定工作区域,控制影片输出范围。

2) 轨道区

轨道区是用来放置和编辑视频、音频素材的地方。用户可以对现有的轨道进行添加和删除操作,还可以将它们任意地锁定、隐藏、扩展和收缩。

在轨道区的左侧是轨道控制面板,里面的按钮可以对轨道进行相关的控制设置。它们是:"切换轨道输出"按钮■、"切换同步锁定"按钮■、"设置显示样式(及下拉菜单)"按钮■、"显示关键帧(及下拉菜单)"选择按钮■,还有"到前一关键帧"■和"到后一关键帧"按钮■。轨道区右侧上半部分是 3 条视频轨,下半部分是 3 条音频轨。在轨道上可以放置视频、音频等素材片段。在轨道的空白处右击,在弹出的快捷菜单中可以选择"添加轨道""删除轨道"命令来实现轨道的增减。

任务 4.2   美丽的宁波风光

任务描述 ◎

本任务使用 Premiere Pro CC 制作一个介绍宁波风光的视频,并配上字幕和解说词。视频效果的一个画面如图 4.13 所示。

知识准备 ◎

1. 持续时间

素材的持续时间就是素材播放的时间长度,可以通过拖动轨道中素材左、右边缘中红色的边缘标记设置持续时间,也可以在轨道素材上右击,在弹出的快捷菜单中选择"素材速度/持续时间"命令,弹出"素材速度/持续时间"对话框,如图 4.14 所示。在该对话框中可设定持续时间。

图 4.13   视频效果

图 4.14   "素材速度/持续时间"对话框

2. 制作字幕

创建一个字幕并同时创建一个字幕素材文件有三种方式：一是选择"文件"→"新建"→"字幕"命令；二是在项目窗口下右击，在弹出的窗口中选择"新建分页"→"字幕"命令；三是在工作窗口下选择"字幕"→"新建字幕"命令。使用前两种方式创建字幕时其类型只能在字幕编辑窗口中设置，最后一种方式会弹出设置菜单，如图 4.15 所示。

| 默认静态字幕(S)... |
| 默认滚动字幕(R)... |
| 默认游动字幕(C)... |
| 基于当前字幕(T)... |
| 基于模板(E)... |

图 4.15　字幕设置

3. "文字工具"T

在字幕编辑窗口中有两个文字工具，分别是"文字工具"T 和"垂直文字工具"T。"文字工具"T 只能输入水平文字，可以通过字幕样式设置文字的样式，通过"字体"和"大小"设置文字的字体和字号，如果某些文字显示不出来，要重新选择另一种字体。

4. 时间编辑线滑块

时间显示区上方的时间码显示的是时间编辑线滑块所处的位置。单击时间码，可以输入时间，使时间编辑线滑块自动停到指定的时间位置。也可以在时间栏中按住鼠标左键并水平拖动鼠标来改变时间，确定时间编辑线滑块的位置。

5. "添加/移除关键帧"按钮

在"效果控件"窗口，音频或视频效果中的选项前有一个按钮，单击此按钮展开轨道，在展开项的后面有一个设置"添加/移除关键帧"按钮。移动时间编辑线滑块到指定位置后，单击此按钮，就会在指定位置添加一个关键帧；移动时间编辑线滑块到关键帧上，单击"添加/移动关键帧"按钮，可以删除一个关键帧。

6. 音轨混合器

单击"窗口"→"音轨混合器"命令，打开音轨混合器面板，如图 4.16 所示。这个窗口主要用于完成对音频素材的各种加工和处理工作，如混合音频轨道、调整各声道音量平衡或录音等。

图 4.16　音轨混合器

任务实施 ⊚

任务流程：录制声音→导入图片→制作字幕→特效设置→文件输出。

（1）录制声音。在 Windows 7 系统中运行"开始"→"所有程序"→"附件"→"录音机"命令，打开"录音机"对话框，如图 4.17 所示。

图 4.17 "录音机"对话框

（2）将自备的耳机与计算机进行正确的连接，单击红色"录音"按钮 开始录音旁白，单击"结束"按钮 结束录音。（旁白：宁波位于东海之滨，是全国历史文化名城，国家优秀旅游城市，宁波历史悠久，是中国对外贸易的重要港口城市，拥有巨大的发展潜力，宁波四季分明，气候温和，山川秀丽，欢迎大家到宁波来。）

（3）录音结束后可以选择"文件"→"保存"命令保存录音文件，将其命名为"旁白.wav"。

（4）启动 Premiere Pro CC，如图 4.18 所示，选择"新建项目"选项，弹出如图 4.19 所示的对话框，输入项目名称"美丽的宁波风光"，单击"暂存盘"标签，在"暂存盘"选项卡中选择模式，如图 4.20 所示。

图 4.18 启动对话框

图 4.19 "新建项目"对话框

图 4.20 选择模式

(5) 在项目窗口右方空白区域右击,选择"导入"→"文件"命令,导入准备好的素材,包括图片文件 1.jpg、2.jpg、3.jpg、4.jpg、5.jpg、6.jpg 和 7.jpg 以及声音文件 bg.mp3 和旁白.wav。这时,准备好的素材就进入了项目窗口中,如图 4.21 所示。

图 4.21　项目窗口

(6) 将项目窗口中的图片"1.jpg"拖动到时间线窗口中的视频 1 轨道中,将光标放在图片的后面,光标变成带相反方向的红杠,拖动鼠标改变图片"1.jpg"的长度为 9 秒;或者将鼠标放在图片"1.jpg"上,右击,将"持续时间"设置为 9 秒,如图 4.22 所示。

图 4.22　更改图片显示时间

(7) 制作一个静态字幕。单击"文件"→"新建"→"字幕"命令,弹出"新建字幕"对话框,如图 4.23 所示。输入相关信息后单击"确定"按钮,打开字幕编辑窗口,如图 4.24 所示。单击窗口上方的"字幕类型"按钮 ，弹出"滚动/游动选项"对话框,如图 4.25 所示。字幕类型选择"静止图像"单选按钮,单击"确定"按钮。

图 4.23　"新建字幕"对话框

图 4.24　字幕编辑窗口

图 4.25　"滚动/游动选项"对话框

（8）单击工具箱中的"文字工具" ，在字幕样式中选择一种样式，在文字编辑窗口中单击，输入文字"宁波"，在下方输入"Very Beautiful City"，如图 4.26 所示。

（9）关闭字幕编辑窗口，系统会自动保存文件，并将其命名为"字幕 01"。这时，"字幕 01"会自动添加到项目窗口中，如图 4.27 所示。

图 4.26　输入文字　　　　　　　　图 4.27　"字幕 01"自动添加到项目窗口中

（10）制作一个滚动字幕。再次单击"文件"→"新建"→"字幕"命令，字幕类型选择"滚动"，在工具箱中单击"文字工具" ，输入文本，如图 4.28 所示。

图 4.28　输入文本

（11）关闭字幕编辑窗口，系统会自动保存文件，将其命名为"字幕 02"并添加到项目窗口中。

（12）将"字幕 01"拖动到视频 2 轨道上，将光标放在"字幕 01"的后面，光标变成带相反方向的红杠，拖动鼠标改变"字幕 01"的长度为 2 秒；或者将鼠标放在"字幕 01"上右击，将持续时间设置为 2 秒。使用同样的方法，将"字幕 02"拖动到"字幕 01"的后面，根据录制好的18 秒旁白，将"字幕 02"的持续时间设置为 18 秒。

（13）单击视频 2 轨道上的▷按钮，扩展视频轨道控制区。将时间编辑线滑块 |||| 移动到 19 秒处，单击时间线上的"字幕 02"，单击左边的"添加/移除关键帧"按钮◆，此时在 19 秒处就添加了一个关键帧，用同样的方法在 20 秒处再添加一个关键帧，拖动 20 秒处的关键帧向下移动，设置"字幕 02"的淡出效果，如图 4.29 所示。

图 4.29 设置字幕淡出效果

（14）将"旁白.wav"文件拖动到声音 1 轨道上，调整其位置使之与"字幕 02"的起点、终点吻合，如图 4.30 所示。

图 4.30 设置旁白

（15）分别将其余几幅图片拖动到视频 1 中图片"1.jpg"的后边，注意让它们在轨道上交叉分布。分别设置它们的持续时间，如图 4.31 所示。

图 4.31 时间线

（16）单击"效果"标签，打开效果面板，选择"视频切换"→"擦除"→"风车"命令，将"风车"拖到视频 1 中图片"1.jpg"与"2.jpg"的交叉处，如图 4.32 所示。可用同样的方法给其他交叉处添加切换效果。

图 4.32 添加切换效果

（17）在效果面板中有"视频效果"文件夹，单击每一个文件夹左边的▷按钮，都能展开该文件夹中包含的视频特效文件，如图 4.33 所示。

（18）选择"变换"文件夹中的"水平翻转"选项，按住鼠标左键不松手，将其拖到素材"2.jpg"上面，这时素材上面有一条绿色的线，说明该素材添加了视频效果，如图 4.34 所示。

图 4.33　展开特效

图 4.34　添加视频效果

（19）自行为其他素材添加适当的视频效果。

（20）将项目窗口中的背景音乐"bg.mp3"拖动到音频轨道声音 2 中,选择"剃刀工具"
,将光标放在"bg.mp3"素材的后面,把音乐的长度剪为和视频一样的长度。

（21）调整背景音乐的音量。选择"窗口"→"音轨混合器"命令,弹出如图 4.35 所示的音轨混合器窗口。通过音量调节滑标可以控制各轨道音频对象的音量,用户也可以直接在数值栏中输入声音分贝。

图 4.35　音轨混合器

（22）单击声音 2 轨道上的 ▷ 按钮,扩展音频轨道控制区。将时间编辑线滑块 移动到
15 秒处,单击时间线上的"bg.mp3",单击左边的"添加/移除关键帧"按钮 ,此时在 15 秒处就添加了一个关键帧。用同样的方法在 20 秒处再添加一个关键帧,拖动 20 秒处的关键帧向下移动,设置音乐的淡出效果,如图 4.36 所示。

图 4.36　设置声音淡出效果

（23）选择"文件"→"保存"命令，将文件保存。

（24）选择"文件"→"导出"→"媒体"命令，弹出如图 4.37 所示的对话框，输入文件名、路径，即可按照设定的参数输出各种格式的文件。

图 4.37　输出文件

✏️**小结**

本单元主要介绍了音、视频的基本概念，音、视频文件的格式，音、视频素材的获取途径等，并通过两个实际音、视频处理任务，重点学习了导入文件，剪裁移动，声音效果设置，制作字幕和视频特效设置等，最后完成了两个实际的音、视频处理任务。

习　题

一、填空题

1. Premiere Pro CC 的窗口主要由_____、_____、_____、_____、_____组成。

2. 创建字幕有_____、_____和_____三种方式。

二、选择题

1. 剃刀工具的功能是_____。

A. 分割素材　　　　B. 缩短素材时间　　　C. 选择素材　　　　D. 复制素材

2. 播放或暂停播放时间线上的素材的快捷键是_____。

A. Enter B. Ctrl＋Enter C. Space D. Alt＋Enter

三、判断题

1. 可以清除时间线上素材的特效。 （ ）

2. 在时间线上只能插入关键帧,不能删除关键帧。 （ ）

四、简答题

如何增加和删除音、视频轨道?

五、操作题

请自行制作一段介绍本市或某景点的音、视频宣传片。

单元 5

特殊视频效果制作

知识教学目标
- 掌握 Premiere Pro CC 视频切换的含义；
- 掌握 Premiere Pro CC 关键帧的概念；
- 掌握 Premiere Pro CC 字幕的类型。

技能培养目标
- 能使用 Premiere Pro CC 相关编辑工具对素材进行编辑处理；
- 能在 Premiere Pro CC 中设置音、视频特效和切换效果；
- 能在 Premiere Pro CC 中设置动画的运动方式。

任务 5.1　自我展示

任务描述 🔍

本任务使用 Premiere Pro CC 将音乐、自己录制的歌声、文字字幕和图片文件素材合成为一个和谐视频文件。

知识准备 🔍

1. 视频切换效果设置

将两段选定的素材 A 和 B 按前后顺序紧密排列在时间线窗口中的某一条视频轨道上，打开"特效"选项卡，选择"视频过渡"→"3D 运动"→"立方体旋转"选项，将其拖至时间线窗口并在 A、B 两素材的交界（编辑点）处释放，这时"立方体旋转"转换效果就被添加到素材 A、B 交界处了，并在素材交界处上方显示该切换的名称。

2. 运动设置

视频运动是一种后期制作与合成的技术，它包括视频在画面上的运动、缩放、旋转等效果。

运动设置是利用关键帧技术，对素材进行位置、动作及透明度等相关参数的设置。在

Premiere Pro CC 中,运动效果是在"特效控制台"选项卡中设置的。关键帧是指在不同的时间点对对象属性进行改变,而时间点间的变化则由计算机来完成。计算机通过给定的关键帧,可以计算出对象从一个关键帧到另一个关键帧之间的变化过程。因此,关键帧的位置至关重要,它是指对象开始新的变化的起始(时间)点。用户在设置关键帧的时候,往往是通过设置时间编辑线滑块在时间标尺的位置(时间)来确定的。

(1) 选中素材:在时间线窗口中,选中需要设置运动的素材。

(2) 展开运动参数:在素材视窗中打开"特效控制台"选项卡,单击"运动"项目前的小三角展开按钮,展开其设置参数。

(3) 设置关键帧:把时间编辑线滑块拖到素材 0 秒的位置,可以分别按下"位置""比例""旋转"栏左边的"固定动画"图标按钮,这样分别在素材的 0 秒处各创建了一个关键帧。

(4) 调整视频图像大小:单击"缩放比例"栏左边的小三角展开按钮,拖动其下小三角滑块,使图像缩放。也可以在节目视窗中单击图像,利用图像四角出现的小方块,拖动鼠标来改变其大小。还可以在"缩放比例"右边的文本框中输入数值(例如"50.0")进行图像缩放。

(5) 调整视频图像的位置:将"位置"栏右边的"360.0"(X 轴)、"288.0"(Y 轴),分别按住鼠标左键拖动,设置视频图像在屏幕中的位置。更简单的方法是直接用鼠标在节目视窗中拖动视频图像来实现。

这样,我们便完成了在 0 秒时刻,素材以刚才调整的大小和在屏幕中所处的位置开始变化的设置。接下来,还需要设置下一个关键帧,即图像发生新的变化的起始点。

(6) 添加关键帧,设置运动路径:将时间编辑线滑块向右拖到 2 秒位置,将 X 轴、Y 轴分别设置为"−360.0"和"288.0",或者在节目视窗中将素材直接拖动到屏幕外左侧,使 X 轴、Y 轴分别为"−360.0"和"288.0"。此时可以看到从屏幕中心到屏幕左侧有一条白色的虚线,表示该影片将在 2 秒时间内从屏幕中心运动到屏幕左侧的运动轨迹。再在此帧处单击"位置"栏右边的"切换动画"按钮,这样就添加了一个新的关键帧。

(7) 设置图像大小:如果在这 2 秒之内,不需要改变图像大小,则在此帧处单击"缩放比例"栏右边的"添加/移除关键帧"按钮◆,添加一个新关键帧;如果需要改变图像大小,就需要调整其比例,再单击"缩放比例"栏右边的"添加/移除关键帧"按钮◆,表示图像在 2 秒内由屏幕中心运动到屏幕左侧的同时其大小还会发生变化。

(8) 设置图像旋转:如果还需要画面在这 2 秒之内图像沿 Z 轴旋转 3 圈,可以将"旋转"栏右边的数值"0"改为"3",并单击该栏的"添加/移除关键帧"按钮◆,添加一个新关键帧。

(9) 预览运动效果:参数设置完成后,单击节目视窗中的"播放"按钮▶,可以看到图像运动变化的效果。

(10) 修改效果:如果需要修改某个关键帧,可以将时间编辑线滑块拖放到该处,先单击该栏的"添加/移除关键帧"按钮◆,将该关键帧删除;重新设置后,再单击该栏的"添加/移除关键帧"按钮◆,或者在该关键帧上右击,在弹出的对话框中,单击"清除"按钮。删除关键帧后,再进行新的设置,将时间编辑线滑块拖放到新的位置,再单击该栏的"添加/移除关键帧"按钮◆,修改后的关键帧则被确定。

运动设置教学
视频

任务实施

任务流程：录制歌声→启动 Premiere Pro CC→导入素材→制作字幕→调整编辑素材→效果设置→导出文件。

（1）用 Windows 7 系统自带的录音机录制一个与下面音乐相应的歌声。

（2）启动 Premiere Pro CC 进入工作窗口。

（3）导入以上准备好的音乐、歌声、图片文件素材，如图 5.1 所示。

（4）制作文字字幕。在主菜单中单击"文件"→"新建"→"字幕"命令，打开字幕编辑窗口，如图 5.2 所示。

图 5.1　导入素材

图 5.2　字幕编辑窗口

（5）选择"文字工具"，在窗口中单击，输入歌词的第一句，如图 5.3 所示。

图 5.3　输入字幕

注：在输入字幕之前最好选择一下字体。字幕类型可选择静止图像、滚动、向左游动、向右游动等，如图 5.4 所示。

图 5.4　字幕类型

（6）输入完成后关闭文字窗口，系统自动保存，并命名为"字幕 01"，同时会自动填加到项目窗口中。

（7）用同样的方法制作歌词的第二句、第三句直至最后一句，分别被自动命名为"字幕 02""字幕 03"等。

（8）将"歌声"拖入音频 1 轨，伴奏乐拖入音频 2 轨，分别使用"剃刀工具""选择工具"等处理两个声音文件，使其合拍。

（9）分别将字幕拖入视频 3 轨，人物图片拖入视频 2 轨，其他图片分别拖入视频 1 轨。

（10）调整歌词字幕位置，使其与歌声出现的位置同步。

（11）人物图片与其他图片的摆放位置如图 5.5 所示（注：视频 1 中的图片在摆放时头、尾要相连，准备做切换效果用，人物图片准备做画中画）。

图 5.5　摆放位置

（12）选择时间线左边控制面板中的"效果"→"视频过渡"→"3D 运动"选项，打开效果面板，如图 5.6 所示。

（13）将图 5.6 中的"帘式"切换效果拖入视频 1 轨道时间线两个图片的重叠处，为这两个图片设置了"帘式"切换效果。在时间线上拖动时间编辑线滑块■可以看到"帘式"切换效果。

（14）用同样的方法为其他图片重叠处设置"摆入""摆出"等切换效果。

图 5.6　视频切换效果

（15）运动设置。选中视频 2 轨里的第一个图片,将时间编辑线滑块📇移动到第一个图片出现的位置,打开上面的特效控制台面板,如图 5.7 所示。

图 5.7　特效控制台

（16）在特效控制台面板中单击"运动"选项下的"位置"选项前的📷按钮,再单击后面的"添加/移除关键帧"按钮⬦,便在第一个图片出现的位置处添加了一个关键帧,此时在监视器窗口出现人物图片,拖动图片放到合适位置。再将时间编辑线滑块📇移动到第一个图片结束的位置,再单击后面的"添加/移除关键帧"按钮⬦,此时在第一个图片结束的位置添加了一个关键帧,在监视器窗口拖动图片放到另外一个位置,如图 5.8 所示。运动设置完成。此时拖动时间编辑线滑块📇在时间线上移动,可以看到运动效果。

（17）用同样的方法可以为其他人物图片设置运动方式。

图 5.8 运动设置

(18) 缩放设置。选中视频 2 轨里的第一个图片,将时间编辑线滑块▓移动到第一个图片出现的位置,打开上面的特效控制台面板,如图 5.7 所示。在特效控制台面板中单击"运动"选项下的"缩放比例"选项前的▓按钮,再单击后面的"添加/移删除关键帧"按钮▓,便在第一个图片出现的位置添加了一个关键帧,此时在监视器窗口出现人物图片,拖动图片边缘改变图片大小。再将时间编辑线滑块▓拖动到第一个图片结束的位置,再单击后面的"添加/移除关键帧"按钮▓,此时在第一个图片结束的位置添加了一个关键帧,在监视器窗口拖动图片边缘改变图片大小,如图 5.8 所示,缩放设置完成。此时拖动时间编辑线滑块▓在时间线上移动,可以看到缩放效果。

(19) 用同样的方法可以为其他人物图片设置缩放。

(20) 将时间编辑线滑块▓拖动到时间线的开始处,按下 Space 键播放制作效果。如果不满意可以进行修改。

(21) 任务完成后,在主菜单下选择"文件"→"导出"命令,生成预演节目文件时,需要一定的生成时间,但不会很长,请耐心等待。最终效果的一个画面如图 5.9 所示。

图 5.9 最终效果的一个画面

任务 5.2　篮球教学

任务描述 ⊙

本任务根据一段篮球赛实况视频,从中找出典型的动作,以特效结合字幕的方式,力图简单明了地展现并解读动作要领,从而达到理想的教学效果。本任务创造性强,要求学生充分发挥自己的主观能动性、想象力和创新意识来完成本任务的制作。

知识准备 ⊙

1. 视频过渡类型

打开 Premiere Pro CC 编辑软件后,单击"效果"选项卡,打开"效果"面板,单击"视频过渡"文件夹前的小三角展转按钮,展开视频切换的子文件夹。单击视频切换子文件夹前的小三角展转按钮,可以展开各子文件夹里的多种视频切换效果。用户可以利用查找栏,填写需要使用的切换效果名称,该切换效果会快捷地出现在效果面板中。视频切换文件夹中包括了 10 大类 70 余种视频切换效果。

1) 3D 运动(3D Motion)

3D 运动文件夹中包含有三维特效的转场,包括门、摆入、筋斗过渡、翻转、立方体旋转、帘式、摆出、旋转、旋转离开和向上折叠 10 种效果。

(1) 门:两个相邻片段的过渡是以图像 B(后一素材画面)呈一扇门一样由外向里关闭状态覆盖图像 A(前一素材画面),效果就像关门一样,图像 B 逐渐遮住了图像 A。

(2) 摆入:两个相邻片段的过渡是以图像 B 呈关门状态,由里向外逐渐覆盖图像 A。

(3) 筋斗过渡:两个相邻片段的过渡是以图像 A 在翻转过程中逐渐变小消失,显现出图像 B 效果,就像翻筋斗一样。

(4) 翻转:两个相邻片段的过渡是以图像 A 翻转到图像 B,效果就像一页画册的两面由一面翻转到另一面一样。

(5) 立方体旋转:两个相邻片段的过渡是以立方体相邻的两个面,以图像 A 旋转到图像 B 的形式来实现的。

(6) 帘式:两个相邻片段的过渡是以图像 A 呈门帘一样被拉起显示出图像 B 的形式来实现的。

(7) 摆出:两个相邻片段的过渡是以图像 B 从两边向中间合拢,覆盖图像 A,如同双边关门一样。

(8) 旋转:两个相邻片段的过渡是以图像 B 从图像 A 的中心伸展开来的形式来实现的。

(9) 旋转离开:两个相邻片段的过渡是以图像 B 中心旋转来代替图像 A 的形式来实现的。

(10) 向上折叠:两个相邻片段的过渡是以图像 A 像纸一样折叠显示图像 B 的形式来

实现的。

2）溶解

溶解文件夹中包含交叉溶解、叠加溶解、抖动溶解、渐隐为白色、渐隐为黑色、胶片溶解、随机反转和非叠加溶解共 8 项转场效果。

3）划像（Iris）

划像文件夹中包含多种划变特效，共 7 项：划像交叉、菱形划像、划像形状、点划像、星形划像、圆划像和盒形划像。

4）映射（Map）

映射文件夹中特效是使用影像通道作为影响图进行过渡的，包括明亮度映射和通道映射两项。

5）卷页（Page Peel）

卷页文件夹中包含了多种像翻书一样的卷页特效，共 5 项：翻页、页面剥落、卷走、中心剥落和剥开背面。

6）滑动（Slide）

滑动文件夹中包括了 12 项：带状滑动、多旋转、拆分、滑动、滑动带、滑动框、互换、推、斜线滑动、中心合并、中心拆分和漩涡。

7）特殊效果（Special Effect）

特殊效果文件夹中包含几种特效的转场，共 3 项：三维、纹理和置换。

8）伸缩（Stretch）

伸缩文件夹中包含几种图像（被挤压后）展开的特殊效果转场，共 4 项：交叉伸展、伸展、伸展放大和伸展进入。

9）擦除（Wipe）

擦除文件夹中包含了多种以扫像方式过渡的转场，共 16 项：双侧平推门、带状擦除、径向划变、插入、擦除、时钟式划变、棋盘、棋盘划变、水波块、油漆飞溅、渐变擦除、百叶窗、旋转框、随机块、随机擦除和风车。

10）缩放（Zoom）

缩放文件夹中包含了几种以缩放方式过渡的转场，共 4 项：交叉缩放、缩放、缩放拖尾和缩放框。

2. 添加切换

一般情况下，切换是在同一轨道上的两个相邻素材之间使用。当然，也可以单独为一个素材施加切换，这时候，此素材与其轨道下方的素材之间进行切换，但是轨道下方的素材只是作为背景使用，并不能被切换所控制。

如果需要在素材之间添加切换，用户可以做如下操作：

（1）在项目窗口中打开效果面板，单击"视频切换"文件夹前的小三角展开按钮，展开视频切换的分类文件夹。

（2）单击如"3D Motion"（3D 运动）分类文件夹前的小三角展开按钮，展开其中各项，用鼠标左键按住"立方体旋转"选项拖动到时间线窗口序列中需要添加切换的相邻两段素材之间交界处（连接处）再释放，在素材的交界处上方便出现了应用切换后的标识，该标识与切换

切换特效教学
视频

的时间长度以及开始和结束位置对应,表示"立方体旋转"特效被应用。

(3) 在切换的区域内拖动时间编辑线滑块,可以在节目视窗中观看视频切换特效。

任务实施 ⊖

任务流程:准备篮球赛实况视频→启动 Premiere Pro CC→导入视频→截取典型动作画面→视频处理→特效处理→添加字幕→背景音乐处理→视频输出。

(1) 下载一段篮球赛实况视频和一段背景音乐。

(2) 启动 Premiere Pro CC,新建项目,单击文件菜单下的"导入"→"文件"命令,在弹出的对话框中选择要导入的视频文件和背景音乐。

(3) 将视频素材放到视频 1 轨道上。拖动素材窗口中的"背景音乐"文件图标到音频 1 轨道。

(4) 将时间线中的"滑标" 拖动到开始处,按 Space 键播放视频,在典型动作处按下 Space 键暂停播放,使用 Snagit 等抓图软件抓取本帧图片,保存为 t1,再按下 Space 键继续播放,按下 Space 键暂停播放,用同样的方法抓取其他典型动作图保存为 t2、t3、t4、t5、t6 等。

(5) 导入刚才保存的图片文件 t1、t2、t3、t4、t5、t6 等。

(6) 将图片文件 t1、t2、t3、t4、t5、t6 等拖到视频 2 轨道上。

(7) 在视频 2 轨道上右击 t1,在弹出的菜单中选择"素材速度/持续时间"命令,在弹出的对话框中设置持续时间为 5 秒,如图 5.10 所示。

(8) 用同样的方法为其他图片文件设置持续时间为 5 秒。

(9) 播放视频,在出现 t1 画面处按 Space 键暂停播放,在工具箱中选择"剃刀工具" ,在视频 1 轨道上的红线处单击,此时将视频 1 轨道上的素材分成两部分,再选择工具箱中的"选择工具" ,拖动后面部分向右移动 5 秒(此时可用上述图片大小作参照)。

图 5.10 设置持续时间

（10）用同样的方法将视频中的其他部分分开，并在视频 2 轨道上将相应图片拖放到视频 1 轨道空白位置，如图 5.11 所示。

图 5.11　素材摆放位置

（11）为图片添加缩放动画。选择视频 2 轨道上的 t1 素材，将时间线中的"滑标" 拖动到 t1 开始处，打开"特效控制台"，如图 5.12 所示。

图 5.12　特效控制台

（12）单击"缩放比例"选项前的 按钮，再单击"添加/移除关键帧"按钮 ，此时在图片 t1 的第一帧处添加了一个关键帧，这时在监视器窗口出现 t1 图片，在监视器窗口中拖动图片边框缩小图片，如图 5.13 所示。

（13）将时间线中的"滑标" 拖动到 t1 结束处，单击"添加/移除关键帧"按钮 ，此时在图片 t1 的最后一帧处添加了一个关键帧，这时在监视器窗口出现 t1 图片，在监视器窗口中拖动图片边框放大图片，如图 5.14 所示。

图 5.13　第一帧

图 5.14　最后一帧

（14）用同样的方法为其他图片添加缩放动画。

（15）添加字幕。在主菜单中选择"文件"→"新建"→"字幕"命令，打开字幕编辑窗口。

（16）选择"文字工具"，在窗口中单击，输入文字"突破上篮"，设置字体、字号，并用字幕编辑窗口中的"选择工具" 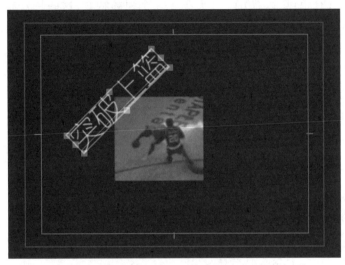 将文字转动一定角度，如图5.15所示。关闭字幕编辑窗口，系统将其自动保存为字幕01。

图5.15 输入并转动字幕

（17）用同样的方法设置其他字幕（字幕02：跳起投篮；字幕03：卡位；字幕04：错位防守；字幕05：转身投篮；字幕06：抢断；字幕07：阻挡犯规；字幕08：要位；字幕09：盖帽）。

（18）将所有字幕依次拖到视频3轨道上，所有字幕持续时间都设置为5秒，并与视频2轨道上的图片对齐，如图5.16所示，设置字幕的切换效果。

图5.16 字幕位置

（19）设置音频1轨道上的"背景音乐"持续时间为4分25秒，与视频2轨道上的视频前后对齐。

（20）将时间线中的"滑标"拖动到时间主线的开始处，按下Space键播放，如不满意可进行修改，直到满意为止。

（21）单击"文件"→"导出"→"媒体"命令，导出多媒体文件。

拓展知识 ⊙

视频特效

1. 视频特效类型

Premiere Pro CC 提供（内置）了 16 大类 178 个视频特效，这些特效放置在效果面板中的"视频效果"文件夹中。用户可以单击菜单栏中的"窗口"→"效果"命令，或者在信息窗口直接单击"效果"标签，打开效果面板，然后单击"视频效果"文件夹前的小三角展开按钮，展开该文件夹内 16 个子文件夹（16 大类特效），再单击子文件夹前的小三角展开按钮，可以分别展开该类的多种效果项目。

1）变换（Transform）类

变换类效果主要是通过对图像的位置、方向和距离等参数进行调节，从而制作出画面视角变化的效果，它包含垂直定格、垂直翻转、摄像机视图、水平定格、水平翻转、羽化边缘和裁剪 7 种效果。

2）杂色与颗粒（Noise Grain）类

杂色与颗粒类效果主要用于去除画面中的噪点或者在画面中增加噪点，它包含中间值、噪波、噪波 Alpha、噪波 HLS、自动噪波 HLS、蒙尘与刮痕 6 种效果。

3）图像控制（Image Control）类

图像控制类效果主要是通过各种方法对素材图像中的特定颜色像素进行处理，从而做出特殊的视觉效果，它包含灰度系数（Gamma）校正、颜色平衡（RGB）、颜色替换和黑白 5 种效果。

4）实用（Utility）类

实用类效果主要是通过调整画面的黑白斑来调整画面的整体效果，它只有 Cineon 电影转换 1 种效果。

5）扭曲（Distort）类

扭曲类效果主要通过对图像进行几何扭曲变形来制作各种各样的画面变形效果，它包含偏移、变换、弯曲、放大、旋转、波动弯曲、球面化、紊乱置换、边角固定、镜像和镜头扭曲等 13 种效果。

6）时间（Time）类

时间类效果主要是通过处理视频的相邻帧变化来制作特殊的视觉效果，它包含抽帧和残影 2 种效果。

7）模糊与锐化（Blur & Sharpen）类

模糊与锐化类效果主要用于柔化或者锐化图像或边缘过于清晰或者对比度过强的图像区域，甚至把原本清晰的图像变得很朦胧，以至模糊不清。它包含复合模糊、定向模糊、快速模糊、摄像机模糊、残像、消除锯齿、通道模糊、锐化、非锐化遮罩和高斯模糊 10 种效果。

8）生成（Generate）类

生成类效果是经过优化分类后新增加的一类效果，它包含书写、发光、吸色管填充、四色渐变、圆形、棋盘、油漆桶、渐变、网格、蜂巢图案、镜头光晕和闪电 12 种效果。

9）色彩校正（Color Correction）类

色彩校正类效果是用于对素材画面颜色进行校正处理，它包含 RGB 曲线、RGB 色彩校正、三路色彩校正、亮度与对比度、亮度曲线、亮度校正、广播级色彩、快速色彩校正、更改颜色、着色、脱色、色彩均化、色彩平衡、色彩平衡（HLS）、视频限幅器、转换颜色和通道混合 17 种效果。

10）视频（Video）类

视频类效果主要是通过在素材上添加时间码，以显示当前影片播放的时间，包括剪辑名称和时间码 2 种效果。

11）调整（Adjust）类

调整类效果是常用的一类特效，主要是用于修复原始素材偏色或者曝光不足等方面的缺陷，也可以调整颜色或者亮度来制作特殊的色彩效果。它包含卷积内核、基本信号控制、提取、照明效果、自动对比度、自动色阶、自动颜色、色阶和阴影/高光 9 种效果。

12）过渡（Transition）类

过渡类效果主要用于场景过渡（转换），其用法与"视频切换"类似，但是需要设置关键帧才能产生转场效果。它包含块溶解、径向擦除、渐变擦除、百叶窗和线性擦除 5 种效果。

13）透视（Perspective）类

透视类效果主要用于制作三维立体效果和空间效果，它包含基本 3D、径向放射阴影、斜角边、斜角 Alpha 和阴影（投影）5 种效果。

14）通道（Channel）类

通道类效果主要是利用图像通道的转换与插入等方式来改变图像，从而制作出各种特殊效果，它包含反相、固态合成、复合运算、混合、算术、计算和设置遮罩 7 种效果。

15）键控（Keying）类

键控类效果主要用于对图像进行抠像操作，通过各种抠像方式和不同画面图层叠加方法来合成不同的场景或者制作各种无法拍摄的画面。它包含 16 点无用信号遮罩、4 点无用信号遮罩、8 点无用信号遮罩、Alpha 调整、RGB 差异键、亮度键、图像遮罩键、差异遮罩、极致键、移除遮罩、色度键、蓝屏键、轨道遮罩键、非红色键和颜色键 15 种效果。

16）风格化（Stylize）类

风格化类效果主要是通过改变图像中的像素或者对图像的色彩进行处理，从而产生各种抽象派或者印象派的作品效果，也可以模仿其他门类的艺术作品，如浮雕、素描等。它包含 Alpha 辉光、复制、彩色浮雕、招贴画、曝光过度、查找边缘、浮雕、画笔描绘、纹理材质、边缘粗糙、闪光灯、阈值和马赛克 13 种效果。

Premiere Pro CC 还拥有众多的第三方外挂视频特效插件，这些外挂视频特效插件能扩展 Premiere Pro CC 的视频功能，制作出 Premiere Pro CC 自身不易制作或者不能实现的某些效果，从而为影片增加更多的艺术效果。例如，可以制作雨、雪效果的 Final Effects 插件，可以制作绚丽光斑效果的 Knoll Light Factory（光工厂）插件，可以制作出扫光文字的 Shine（耀光）插件等。

2. 添加视频特效

用户在为素材添加视频特效之前，应该首先打开效果面板，从中选择需要的效果，并将其拖曳到时间线窗口中的某段视频素材上，有些特效还需要对效果进行参数设置。

给素材添加视频效果的步骤如下：

（1）打开效果面板。单击菜单栏中的"窗口"→"效果"命令，或者在信息窗口中直接单击"效果"标签，便可打开效果面板。

（2）选择效果项目。在效果面板里，单击"视频效果"文件夹前的小三角展开按钮，展开该文件夹内的 16 个子文件夹（为 16 大类特效），再单击"调整"子文件夹前的小三角按钮，展开效果项目，选择其中的"基本信号控制"效果项目。

（3）添加视频特效。如将"基本信号控制"效果拖曳到时间线窗口中的某一段素材上释放，便将此特效添加到了该素材上。同时，在素材源监视器窗口中单击特效控制台面板，可以看到"基本信号控制"效果项目在其中。

（4）设置效果。在为一个视频素材添加了特效之后，就可以在特效控制台面板中通过设置特效的各种参数来控制特效，并且还可以通过设置关键帧来制作各种动态变化效果。操作步骤如下。

①选中素材，在时间线窗口中，将时间编辑线滑块拖曳到刚才添加效果的素材上，并单击该素材。

②展开特效项目参数。单击特效控制台面板中的"基本信号控制"项目前的小三角展开按钮，展开项目参数。

③设置特效参数。用户可以对添加了"基本信号控制"特效后的素材进行"亮度""对比度""色调"和"饱和度"四个特效参数的设置（调整）。例如在"亮度"栏目中的参数上（默认值为 0.0）按住鼠标左键，并水平拖动，改变参数值大小（取值范围为 $-100\sim+100$，其正值为增加亮度，负值为减少亮度），或者在参数上直接单击后填入数值，再在空处单击一下，新的参数便被确定。

（5）预览效果。对素材设置了参数后，可以直接在节目视窗中预览设置了参数之后的画面效果。

（6）删除特效。用户如果对添加的效果不满意，可以删除该效果，回到素材原始状态。在特效控制台面板中，右击"基本信号控制"效果项目，在弹出的菜单中单击"清除"命令，该效果则被删除。

✏️ **小结**

本单元主要介绍了音、视频素材更多的编辑方法，并通过两个实际音、视频处理任务，重点学习了剪裁移动、缩放动画效果设置、制作字幕和视频特效设置等操作，最后完成了两个实际的音、视频处理任务。

习 题

一、填空题

1. Premiere Pro CC 中的运动设置包括_____、_____、_____等效果。

2. Premiere Pro CC 中的效果面板包括_____、_____、_____、_____、_____五大类效果。

二、选择题

1. 在 Premiere Pro CC 中制作字幕时有些文字显示为一个方框,是因为 _____。

A. 文字输入错了　　　　　　　　　B. 文字大小不对

C. 文字字体不对　　　　　　　　　D. 文字间距太小

2. 在 Premiere Pro CC 中使用剃刀工具时,要想同时分割所有轨道上的素材时要按住 _____。

A. Ctrl 键　　　　B. Shift 键　　　　C. Ctrl＋Shift 键　　　D. Ctrl＋Alt 键

三、判断题

1. Premiere Pro CC 中的切换效果只能在两个相连素材之间实现。　　　　　(　　)

2. Premiere Pro CC 中的音频轨道和视频轨道数是一定的,不能增、减。　　　(　　)

四、简答题

简单叙述一下 Premiere Pro CC 的缩放动画效果设置步骤。

五、操作题

请自行制作一段足球教学片,要求有运动、特效、字幕、解说和背景音乐。

单元 6

简单动画制作

知识教学目标
- 掌握 Flash CC 工作窗口的组成；
- 掌握 Flash CC 工具箱的组成；
- 掌握 Flash CC 属性的相关知识。

技能培养目标
- 能使用 Flash CC 中的简单工具绘制图形；
- 能在 Flash CC 中进行简单动画设置；
- 能在 Flash CC 中创建元件并应用实例。

任务 6.1 变形的物体

任务描述

本任务要制作一个由一个小球变成一个彩色五角星的简单动画。动画效果的一个画面如图 6.1 所示。

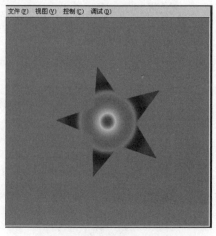

图 6.1 动画效果的一个画面

知识准备 ⊙

1. Flash CC 的启动

在 Windows 7 系统下选择"开始"→"所有程序"→"Adobe Flash CC"命令，或者在桌面直接双击 Flash CC 的快捷方式图标，都可以启动 Flash CC。

2. Flash CC 的工作环境

Flash CC 的工作窗口如图 6.2 所示，其中主要包括菜单栏、时间轴、工具箱、属性面板、舞台、颜色面板和库面板等，这里的一些内容可以根据需要打开或关闭，方法是通过菜单栏中的"窗口"菜单进行选择。

图 6.2　Flash CC 的工作窗口

工具箱：提供了绘图、编辑图形的所有工具，工具箱中的工具组成如图 6.3 所示。若工具右下角有小黑三角的表明里面还有其他工具，在这样的工具上按住鼠标左键不放，可以显示和选择其他工具。

图 6.3　Flash CC 的工具箱

时间轴：如图 6.4 所示，主要用于组织和控制一定时间内的图层和帧中的文档内容，图层可以进行增加、删除等操作，一个图层对应一个时间轴。

图 6.4　Flash CC 的时间轴

舞台：是用于创建 Flash 文档的区域，动画效果也在该区域展示，该区域的大小可以通过属性设置。

属性面板：通过属性面板可以设置被选中的工具、图形和文档的常用属性。

颜色面板：可以设置图形的颜色、笔触、透明度和渐变等内容。

库面板：是存储和管理在 Flash 中创建的各种元件的地方，并用于存储和管理导入的文件。

3.“椭圆工具”

利用“椭圆工具”可以绘制出光滑的椭圆。在绘制椭圆时，按住键盘上的 Shift 键，然后在工作区中拖动鼠标，可以绘制出正圆形。此外，在选择了“椭圆工具”，绘制椭圆之前，还可以在其属性面板中设置一些特殊参数，如图 6.5 所示。

图 6.5　“椭圆工具”属性面板

"椭圆工具"属性面板中的主要参数说明如下：

● 开始角度和结束角度：用于指定椭圆的开始点和结束点的角度。使用这两个选项可以轻松地将椭圆和圆形修改为扇形、半圆形及其他有创意的形状。

● 内径：用于指定椭圆的内径(即内侧椭圆)。用户可以在框中输入内径的数值，或单击滑块相应地调整内径的大小。允许输入的内径数值范围为0～99，表示删除的椭圆填充的百分比。

● 闭合路径：用于指定椭圆的路径(如果指定了内径，则有多个路径)是否闭合。如果指定了一条开放路径，但未对生成的形状应用任何填充，则仅绘制笔触。默认情况下选中"闭合路径"。

● 重置：重置所有"基本椭圆"工具控件，并将在舞台上绘制的基本椭圆形状恢复为原始大小和形状。

图 6.6 为设置不同参数后绘制的圆形。

　选中"闭合路径"，"内径"40　　选中"闭合路径"，"起始角度"30　未选中"闭合路径"，"起始角度"30

图 6.6　设置不同参数绘制的图形

4. "选择工具"

"选择工具"在创作中较为常用，利用它可以进行选择、移动、复制、调整矢量线或矢量色块形状等操作。按住 Ctrl 键，所有工具都可以当成选择工具使用。

当使用"选择工具"拖动线条上的任意点时，鼠标指针会根据不同情况而改变形状。当将"选择工具"放在曲线的端点上时，鼠标指针变为尖角形状，此时拖动鼠标，可以延长或缩短该线条，如图 6.7 所示。

变形动画制作
教学视频

图 6.7　拖动曲线的端点

当将"选择工具"放在曲线中的任意一点时，鼠标变为圆角形状，此时拖动鼠标，可以改变曲线的弧度，如图 6.8 所示。

图 6.8　拖动曲线的中间点

当将"选择工具"放在曲线中的任意一点并按住键盘上的 Ctrl 键进行拖动时，可以在曲线上创建新的转角点，如图 6.9 所示。

图 6.9　按住 Ctrl 键拖动曲线的中间点

5."多角星形工具"

利用"多角星形工具"可以绘制出标准的多边形和星形。"多角星形工具"属性面板如图6.10所示。单击"选项"按钮,在弹出的如图6.11所示的对话框中可以选择"样式"为"多边形"或"星形",设置完毕后,单击"确定"按钮,即可进行绘制了。图6.12所示为绘制的五边形和五角星。

图6.10 "多角星形工具"属性面板

图6.11 "工具设置"对话框

图6.12 绘制的五边形和五角星

任务实施

任务流程:新建文档→绘制圆形→填充颜色→添加关键帧→绘制五角星→填充颜色→创建补间动画→保存结果。

(1)新建文档。选择"开始"→"所有程序"→"Adobe Flash CC"命令,弹出Flash CC的启动界面,如图6.13所示。选择文件类型中的"ActionScript 3.0"选项,单击"确定"按钮自动弹出Flash CC的工作窗口,如图6.14所示。

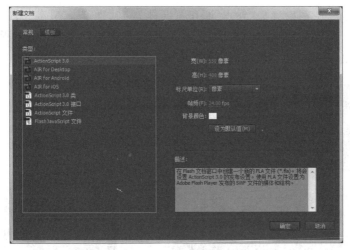

图 6.13　Flash CC 的启动界面

图 6.14　Flash CC 的工作界面

（2）设置文档属性。在工作窗口下面有一个属性设置面板，如图 6.15 所示。通过这个面板可以设置文档的大小、背景和帧频等参数。单击"发布"栏前部的三角形，展开"发布"

图 6.15　"文档"属性面板

123

栏,如图 6.16 所示。本例设置文档的高度和宽度都为 400 像素。单击"文档"属性面板中舞台右边的图形,在弹出的"颜色样本"面板上选取所需要的颜色,如图 6.17 所示;也可以直接在文本框中直接输入颜色值,其他不变。

图 6.16　"发布"栏　　　　　　　　　　图 6.17　"颜色样本"面板

（3）绘制圆形。选择工作窗口左边工具箱中的"椭圆工具" ,单击工具属性中的"笔触颜色"按钮 ，在弹出的"颜色样本"面板中选择"（无）" ，再单击"填充颜色"按钮 ，在弹出的"颜色样本"面板中输入颜色值"＃0000ff ",按 Enter 键,移动鼠标到舞台中央,按住 Shift 键的同时拖动鼠标,绘制一个任意大小的圆。

（4）设置圆形的属性。选择工具箱中的"选择工具" ，单击舞台中的圆,在"形状"属性面板中设置宽和高都为 80 像素,X、Y 坐标都为 160,如图 6.18 所示。

（5）设置渐变。保持舞台中的圆处于选中状态,在窗口右边的"颜色"面板中单击"填充颜色"按钮 ，类型选择"径向渐变",如图 6.19 所示。

图 6.18　"形状"属性面板　　　　　　　图 6.19　"颜色"面板设置

> ✏️ **提示**
>
> 在绘制形状时,所绘形状由两部分组成:一部分是填充;另一部分是边框(笔触)。
> 因此,要注意填充色和边框(笔触)色设置。

（6）双击"颜色"面板中渐变设置中左边的"颜色指针"🔶,打开"调色板",在"调色板"中
输入颜色值为"♯939BFD"。同样,双击"颜色"面板中渐变设置中右边的"颜色指针"🔶,打
开"调色板",在"调色板"中输入颜色值为"♯36027D",按 Enter 键确定。此时舞台中的圆自
动添加上了渐变填充颜色,像一个小球的形状。下面调整光照效果。

（7）选择工具箱中的"渐变变形工具"🔶,单击舞台中的圆,圆的中间和周围出现 4 个
渐变变形控制点,如图 6.20 所示。拖动中间的"高亮区"控制点到圆的左上方,如图 6.21 所
示。在空白处单击一下,调整后的效果如图 6.22 所示。

（8）对齐设置。选中舞台中的圆,选择"窗口"→"对齐"命令,打开如图6.23所示"对
齐"面板,分别选择"相对于舞台"🔲、"垂直居中"🔶、"水平居中"🔶,使圆处于舞台正
中间。

（9）绘制五角星。选中时间轴上的第 20 帧,右击,在弹出的菜单中选择"插入关键帧"
命令(或按 F6 键),此时在第 20 帧插入了一个关键帧,如图 6.24 所示。

图 6.20 渐变变形控制点

图 6.21 移动控制点

图 6.22 调整后的效果

图 6.23 "对齐"面板

图 6.24 插入关键帧

125

（10）选择"多角星形工具" ，单击工具属性中的"选项"，打开"工具设置"对话框，设置边数为5，样式为星形，如图6.25所示。

（11）设置笔触颜色为"无"，填充色为"五彩"，如图6.26所示。

（12）单击第20帧，选中舞台中的圆，按Backspace键删除圆，选择"多角星形工具" ，在舞台中央拖动鼠标，绘制一个五角星，如图6.27所示。

图6.25 "工具设置"对话框

图6.26 "五彩"设置

图6.27 绘制五角星

（13）参照上面的方法，把五角星相对于舞台水平、垂直居中。

（14）设置动画。选中第1帧，右击，在弹出的菜单中选择"创建补间形状"命令，如图6.28所示。此时时间轴的第1～20帧之间出现一条有向实线，如图6.29所示。

（15）测试动画。选中第1帧，按Enter键，开始播放动画，如不满意可重新修改，直到满意为止。

（16）保存和导出动画。按Ctrl＋Enter键导出动画。

图6.28 设置补间

图6.29 时间轴

📝 提示

选择"文件"→"保存"命令，将以 Flash 原文件" ＊.fla"类型保存文件；按 Ctrl＋Enter 键，将以"＊.swf"类型保存文件，该类型可独立运行。

任务 6.2　生长的花朵

任务描述 ◎

本任务将使用 Flash CC 制作一个慢慢长出花枝,生出花苞,开放花朵的动画过程,要求各部分的生长过程自然、流畅。动画的两个效果画面如图 6.30 所示。

图 6.30　动画效果画面

知识准备 ◎

1."任意变形工具"

使用"任意变形工具"可以将各种对象变形。除此之外,直接在"属性"检查器中设置对象的大小,也可以使对象发生形变。

(1)变形手柄的使用选择工具箱中的"任意变形工具"或者执行"修改"→"变形"→"任意变形"命令,会在对象上显示出控制柄(8 个小矩形块),如图 6.31 所示。

当然,鼠标指针放置在控制柄上时,则变成双向箭头,拖动控制柄可改变对象的外观效果,如放大、缩小、拉伸、调高等操作,如图 6.32 所示。

图 6.31　控制柄

图 6.32　拉伸对象

(2)斜切对象。用户也可以将鼠标指针放置到所选对象矩形框的水平或垂直边线上。此时,鼠标指针将变成"水平平行双向箭头"或者"垂直平行双向箭头",即可拖动鼠标,斜切对象。

（3）使用变形点。当用户选择对象后，除 4 个边框和控制柄外，在该矩形框内还有一个"白色实心"的圆圈，这就是变形点。变形点最初位于对象的中心位置，而改变变形点的位置，则在调整对象时其起始点会发生变化。将变形点拖至对象的左侧，再拖动右上角的控制柄，则对象左侧不会发生大的变化。

2．"颜料桶工具"

选择工具箱中的"颜料桶工具"，在工具栏下部的选项中将显示如图 6.33 所示的选项。这里共有两个选项：空隙大小和锁定填充。

在空隙大小选项中有"不封闭空隙""封闭小空隙""封闭中等空隙"和"封闭大空隙"4 种选项可供选择，如图 6.34 所示。

图 6.3 3 "颜料桶工具"的选项　　　图 6.34　空隙大小选项

如果选择了"锁定填充"选项，将不能再对图形进行填充颜色的修改，这样可以防止错误操作而使填充色被改变。

"颜料桶工具"的使用方法：首先在工具栏中选择"颜料桶工具"，然后选择填充颜色和样式。接着单击"空隙大小"按钮，从中选择一个空隙大小选项，最后单击要填充的形状或者封闭区域，即可填充。

3．插入帧

插入帧是 Flash 的基础，可以在时间轴上右击，在弹出的菜单中选择"插入帧""插入关键帧""插入空白关键帧"命令，也可以使用快捷键完成（F5 键为"插入帧"；F6 键为"插入关键帧"；F7 键为"插入空白关键帧"）。

4．复制图形

复制图形可以右击，在弹出的菜单中选择"复制"命令，再选择"粘贴"命令，也可以使用"选择工具"，按住 Alt 键，用拖动图形的方式复制图形。

5．动画的测试与导出

选择"控制"→"测试影片"命令，再选择"在 Flash 中"或"在浏览器中"进入动画测试环境。

选择"文件"→"导出"命令，可以将作品导出为影片或图像。例如，可以将整个影片导出为 Flash 影片、一系列位图图像、单一的帧或图像文件，以及不同格式的活动、静止图像等，包括 GIF、JPEG、PNG、BMP、PICT、QuickTime 或 AVI 等格式。导出设置如图 6.35 所示。

运动动画教学视频

图 6.35　作品导出设置

任务实施

任务流程：新建文档→绘制圆形→元件设置→关键帧设置→遮罩层设置→动画设置→保存结果。

（1）启动 Flash CC，新建一个 Flash ActionScript 3.0 文档，在属性面板中将文档大小调整为 550 像素×900 像素，背景颜色设置为白色，如图 6.36 所示。

（2）绘制元件。单击库面板中的"新建元件"图标，在弹出的对话框中更改元件名称为花盆，类型选择图形，如图 6.37 所示。

图 6.36　"文档"属性面板

图 6.37　新建元件

单击"确定"按钮，进入元件制作窗口。先用"直线工具"配合"选择工具"绘画出花盆的轮廓线，再使用"颜料桶工具"填充颜色，最后删除线条。效果如图 6.38 所示。

（3）使用同样的方法新建元件，起名为花枝，类型为图形。绘制花枝，如图 6.39 所示。返回到主场景。

图 6.38 制作花盆   图 6.39 制作花枝

（4）在时间轴面板中，将库面板中的花盆元件拖入到舞台中，这时时间轴面板的图层 1 显示的就是花盆元件了，空白关键帧变成了关键帧，双击图层 1 的名称，将名称更改为花盆，如图 6.40 所示。

（5）单击时间轴面板左下角的"新建图层"按钮 ，新建一个图层，更改名称为花枝。为避免误操作我们可以将暂时不用的图层锁住，确定是在花枝图层下将库面板中的花枝元件拖曳到舞台。选中花枝图层，按住鼠标左键后不松手拖动到花盆图层的下面，如图 6.41 所示。

图 6.40 建立"花盆"图层   图 6.41 花枝与花盆的位置

（6）制作动画。为了体现花枝破土而出的效果，我们将先制作一下花枝的位移动画。假设花枝破土而出的画面需要 70 帧，那就要将两个图层的第 70 帧选中并按快捷键 F6，或者右击，在弹出的菜单中选择"插入快捷键"命令来设置关键帧，如图 6.42 所示。

图 6.42　插入关键帧

（7）将花枝图层的第一帧选中，把花枝元件拖动到花盆下面，如图 6.43 所示。

（8）在花枝图层中的两个关键帧中选中任意一帧右击，在弹出的菜单中选择"创建传统补间"命令，这样就完成了花枝的位移动画。

（9）观察发现，花盆以下的花枝也显示出来了。现在让花枝显示花盆以上的内容，花盆以下的内容不显示。在花枝图层上再新建一图层，更改名称为遮罩，并在遮罩图层中的花盆上绘制一个可以遮挡住花枝的矩形，如图 6.44 所示。

（10）右击矩形遮罩图层的名称，在弹出的对话框中选择遮罩层，这时矩形遮罩图层将变为遮罩层，如图 6.45 所示。

图 6.43　设置"花枝"第 1 帧

图 6.44　绘制遮挡住花枝的矩形

图 6.45　设置遮罩层

131

（11）绘制"花苞"。新建一元件，取名为花，类型为图形，先在第一帧绘画出一个花苞，如图 6.46 所示。

（12）在第 10 帧插入关键帧，绘画出绽放的花朵，如图 6.47 所示。

图 6.46　绘制花苞　　　　　　　　图 6.47　绘制花朵

（13）在第 5 帧按 F6 键插入关键帧，在第 5 帧和第 10 帧这两个关键帧中选择任意一帧右击，选择"创建补间形状"命令，如图 6.48 所示。操作时注意，必要时要按 Ctrl＋B 键打散元件。

图 6.48　创建补间形状

（14）回到场景，新建一图层，更名为花。在第 70 帧确定关键帧，将在库面板中的花元件拖入舞台中，在第 74 帧插入关键帧，把第 70 帧的关键帧中的花苞缩小一些，在第 70 帧至第 100 帧中选择任意一帧选中右击，选择"创建传统补间"命令，并将所有图层帧数都延续到100 帧。

（15）测试动画。选中第 1 帧，按 Enter 键，开始播放动画，如不满意可重新修改，直到满意为止。

（16）单击"文件"→"保存"菜单命令，将制作的 Flash 动画保存为"动画制作.fla"文件。

（17）按 Ctrl＋Enter 键导出动画。

📝小结

　　本单元主要介绍了动画的有关知识，学习了 Adobe Flash CC 的工作环境、动画制作方法等，并通过两个实际动画处理任务，重点学习了选择工具、椭圆工具、文字工具等的使用，学习了在 Adobe Flash CC 中制作动画的基本方法，最后完成了两个实际的动画制作项目。

习　题

一、填空题

1. Adobe Flash CC 工作窗口主要包括 _____、_____、_____、_____、_____、_____、_____ 等内容。

2. Adobe Flash CC 中的补间动画有 _____、_____ 两种。

二、选择题

1. 插入关键帧的快捷键是 _____。

A. F5　　　　　　　　B. F6　　　　　　　　C. F7　　　　　　　　D. F8

2. 在选择了其他工具后,要选择或移动图形可按住 _____。

A. Shift 键　　　　　　B. Ctrl 键　　　　　　C. Alt 键　　　　　　D. Ctrl ＋Alt 键

三、判断题

1. 椭圆工具只能画椭圆。　　　　　　　　　　　　　　　　　　　　　　（　　）

2. 选择工具只能选择或移动图形。　　　　　　　　　　　　　　　　　　（　　）

四、简答题

任意变形工具如何使用?

五、操作题

请自行设计制作一个运动引导动画。

遮罩动画设计

知识教学目标

- 掌握 Flash CC 的动画类型；
- 掌握 Flash CC 中关键帧的概念；
- 掌握 Flash CC 中遮罩层的概念。

技能培养目标

- 能使用 Flash CC 制作运动动画和形状动画；
- 能使用遮罩层制作遮罩效果的动画；
- 掌握使用引导层制作引导效果的动画。

任务 7.1 探照灯效果

任务描述 ∞

本任务将制作一个具有探照灯效果的动画。当灯光移动到文字画面时，文字变成高亮，动画效果的一个画面如图 7.1 所示。

图 7.1 效果画面

知识准备 ∞

1. 帧和关键帧的概念

帧就是动画的一个画面，关键帧是指在动画中定义的变化处所在的帧。Flash 可以在关键帧之间补间或填充帧,从而生成流畅的动画。在帧上按下 F6 键可创建关键帧;按下 F7 键可创建空白关键帧;按下 F5 键可创建普通帧。

2. 三种动画形式

(1) 逐帧动画:就是在每一帧都改变舞台里的内容,为每一个关键帧都创建不同的内容,不存在补间动画。

(2) 动作渐变:在一个时间点定义实例的位置、大小、颜色等属性,在其他时间点改变这些属性,由此可以产生动作渐变。这种渐变应用于实例或整体,也就是选择该对象时外部有一个蓝色的边框,不能应用于简单的用绘图工具产生的图形。

(3) 形状渐变:就是在"打散"的图形之间产生形状补间,而不能在一个组合或者一个实例上运用补间动画。选择该图形时,在图形上会显示很多白色小点。如果要形状渐变的对象是一个实例或者整体,可以将它打散(可以通过按 Ctrl+B 键实现)。

3. 元件和实例

元件是 Flash 动画的基础,图形元件是元件的基础。元件是可在文档中重复使用的元素,包含图形、按钮、视频剪辑、声音文件或文字。当创建好一个元件时,该元件会存储在文件的库中(可以通过按 Ctrl+L 键调出文件的库)。将元件放在舞台上时,就会创建该元件的一个实例。每个元件都有一个唯一的时间轴和舞台,以及若干个层。创建元件时要选择元件类型,这取决于影片中如何使用该元件。

4. 遮罩动画

遮罩动画是利用特殊的图层——遮罩层来创建的动画。使用遮罩层后,遮罩层下面图层的内容就像透过一个窗口显示出来一样,这个窗口的大小和形状就是遮罩层中内容的大小和形状。在 Flash CC 中,用户无法直接创建遮罩层,只能将某个图层转换为遮罩层,可以利用右键快捷菜单转换。当某个标准图层转换为遮罩层后,其下面的图层自动变为被遮罩层,且遮罩层和被遮罩层还将同时被锁定。

遮罩动画教学
视频

任务实施 🔍

任务流程:新建文档→绘制圆形→输入文本→新建图层→复制图形→设置遮罩→动画设置→保存结果。

(1) 启动 Flash CC,新建 Flash 文件(ActionScript 3.0),创建一个新电影,在"文档"属性面板中设置背景颜色为灰黑色,如图 7.2 所示,单击"确定"按钮。场景如图 7.3 所示。

图 7.2　文档属性设置

图 7.3　场景

（2）选择工具栏中的"椭圆工具" ○，按住 Shift 键，在工作区以外的左侧绘制出一个圆形，用白色填充（单击绘图工具栏中的"填充颜色"按钮 ，在弹出的颜色面板中选择颜色，再单击绘图工具栏中的"颜料桶工具" ，然后用鼠标单击画出的图形进行填充），设置透明度为 50%（在屏幕右上角的混色器中设置 Alpha: 50% ）。再制作一个圆，用任意色填充，但图形大小要和第一个完全一样，如图 7.4 所示。

图 7.4　绘制圆

（3）双击白色圆（全部选中，包括边线），在窗口菜单栏中选择"修改"→"组合"，将白色圆及边线组合成一个整体。用同样的方法将另一个圆组合。

（4）选择工具栏中的"文字工具" A，将"文字工具"参数栏中字体类型设置成"Arial Black"，字体大小设置为 72，文字颜色设置为白色（可通过窗口底部的"属性"进行设置）。设置完毕，在工作区中拖动鼠标，在出现的文本框中输入"LightMask"。用鼠标单击工具栏中的箭头工具 ，选中刚输入的文字，按住 Shift＋Alt 键，向上拖动文字，这时将看到白色文字被复制了。双击刚被复制的文字，选中它然后将"文字工具"参数栏中的白色改为深蓝色，如图 7.5 所示。

图 7.5　文字设置

（5）单击图层面板下面的"新建图层"按钮 ，再新建 3 个图层，分别将这 4 个图层命名为灯光、遮罩、明亮和灰暗，排列顺序如图 7.6 所示。

图 7.6　图层排列

（6）将白色圆放入灯光层，另一个圆放入遮罩层，白色文字放入明亮层，深蓝色文字放入灰暗层（可通过剪切、粘贴的方法实现）。

（7）调整文字对象，使白色文字的位置比深蓝色文字稍微靠左一点，靠上一点，如图 7.7 所示。

（8）使两个圆完全重合，并放于文字之上，如图 7.8 所示。

图 7.7　文字位置　　　　　　　　　　　　图 7.8　圆形位置

（9）分别选择灯光层的第 20 帧和第 40 帧，按 F6 键插入关键帧。然后分别在第 1 帧和第 20 帧处单击鼠标左键，在属性检查器中选择"动画"类型。对遮罩层也进行同样的设置。

（10）分别选中灯光层和遮罩层的第 20 帧，分别将两个圆移动到文字的末端，移动后使两个圆仍然是重合的。

（11）将遮罩层设置为遮罩（右击遮罩层，选择"遮罩层"命令）。

（12）分别在明亮层和灰暗层的第 40 帧处按 F5 键或右击，在弹出的菜单中选择"插入帧"命令，目的是将第 1 帧的内容延续到第 40 帧。

（13）按 Ctrl＋Enter 键，部分效果如图 7.1 所示。

任务 7.2　展开画效果

任务描述 ⊙⊙

本任务主要表现将两个极具金属质感的画轴排在一起，然后下面的画轴逐渐下落，就像用手展开画卷一样，边展开边出现一幅古典画面，并配以古典音乐。动画效果的一个画面如图 7.9 所示。

图 7.9　效果画面

知识准备

1. 渐变设置

利用颜色面板可以在 RGB 或 HSB 模式下选择颜色,还可以通过指定 Alpha 值来定义颜色的透明度。执行菜单中的"窗口"→"颜色"命令,调出颜色面板,如图 7.10 所示。如果要选择其他模式显示,可以单击颜色面板右上角的模式,从弹出的快捷菜单中选择,如图 7.11 所示。对于 RGB 模式,可以在"红""绿"和"蓝"文本框中输入颜色值。此外用户还可以输入一个 Alpha 值来指定透明度,其取值范围在 0(表示完全透明)～100%(表示完全不透明)之间。

单击 ![icon] 图标,可以设置笔触颜色;单击 ![icon] 图标可以设置填充颜色;单击 ![icon] 按钮,可以恢复到默认的黑色笔触和白色填充;单击 ![icon] 按钮,可以交换笔触和填充的颜色。

在类型栏右侧下拉列表框中有"无""纯色""线性渐变""径向渐变"和"位图填充"5 种类型可供选择,如图 7.12 所示。

- 无:表示对区域不进行填充。
- 纯色:表示对区域进行单色的填充,效果如图 7.13 所示。
- 线性渐变:表示对区域进行线性的填充,效果如图 7.14 所示。单击颜色条和色标滑块,可以在其上方设置相关渐变颜色。
- 径向渐变:表示对区域进行从中心处向两边扩散的放射状渐变填充,效果如图 7.15 所示。单击颜色条和色标滑块,可以在其上方设置相关渐变颜色。
- 位图填充:表示对区域进行从外部导入的位图填充。

图 7.10　颜色面板　　　　图 7.11　选择颜色模式　　　　图 7.12　选择不同类型

图 7.13　纯色填充　　　　图 7.14　线性填充　　　　图 7.15　放射状填充

2."矩形工具"

利用"矩形工具"可以绘制出标准的矩形。在绘制矩形时,按住 Shift 键,然后在工作区中拖拉,可以绘制出正方形。此外,在选择了"矩形工具"绘制矩形之前,还可以在其属性面板中设置一些特殊参数,如图 7.16 所示。

图 7.16 "矩形工具"属性面板

主要参数说明如下:

● 矩形角半径 ⌒:用于指定矩形的角半径。用户可以在框中输入内径的数值,或单击滑块相应地调整半径的大小;如果输入负值,则创建的是反半径;还可以取消选择限制角半径图标,然后分别调整每个角半径。

● 重置:单击此按钮将重置所有"基本矩形"工具控件,并将在舞台上绘制的基本矩形形状恢复为原始大小和形状。

图 7.17 和图 7.18 为设置不同参数后绘制的矩形。

图 7.17 矩形角半径为 0

图 7.18 矩形角半径为 20

> 📝提示
>
> 在绘制了矩形后,可以对其填充和线条属性进行相应修改,但不能对矩形角和半径参数进行更改了。

任务实施 ⊙

任务流程:新建文档→绘制圆形→输入文本→新建图层→复制图形→设置遮罩→动画设置→保存结果。

(1) 新建文档,将背景大小设置为 360 像素×550 像素,背景颜色设置为暗红色。

(2) 制作画轴。选择"插入"→"新元件"命令,创建一个名为"画轴"的图形元件。在元件中用"矩形工具"绘制一个矩形,选择矩形的填充色,在"填充颜色"类型列表框中选择"线性渐变"选项,将渐变设置栏左、右两侧的色标颜色均设为深灰色,在两个色标之间单击鼠标左键,增加一个色标,并设置颜色为白色,选择"颜料桶工具" 🖌,在矩形中从上往下垂直拖动鼠标,结果如图 7.19 所示。

图 7.19   画轴一

> 📝提示
>
> 在渐变设置中,在色标之间单击鼠标左键可以增加一个色标,按住 Ctrl 键在色标上单击可以删除一个色标。

(3) 新建一个图层"图层 2",用同样的方法在大矩形的左边创建一个小矩形,其颜色与大矩形完全一样,然后将其复制一份,并放到大矩形的右边,如图 7.20 所示。

图 7.20   画轴二

(4) 新建一个图层"图层 3",单击"椭圆工具"按钮 ⊙,绘制一个适当大小的圆,颜色设置和矩形一样,单击"选择工具"按钮 ▷,拖动鼠标将圆分成左、右两部分,将两部分分别移到画轴二的两端,如图 7.21 所示。

图 7.21   画轴三

(5) 返回场景,选择"文件"→"导入"→"导入到舞台"命令,导入图片(hz.gif),并将其放置到恰当位置。

（6）新建"图层 2"，从库中将元件"画轴三"拖入场景，并将其放到图片的上边缘，如图 7.22所示。

（7）选中"图层 1"，单击"插入图层"按钮▣，新建一个图层"图层 3"，单击"矩形工具"按钮▣，在其属性面板中将"笔触"设置为无，填充色设置为黑色，在场景中绘制一个矩形，使矩形刚好能遮住整个图片，如图 7.23 所示。在矩形上右击，在弹出的菜单中选择"转换为元件"命令，将该矩形转换为元件。

图 7.22　画轴位置　　　　　　　　　　　　　图 7.23　矩形大小

（8）在时间轴中选择所有图层的第 50 帧，按 F5 键延长帧，选择"图层 3"的第 50 帧，按 F6 键插入关键帧，再选择第 1 帧，将矩形的"高"设为 1，在属性中设置补间为"动画"。

（9）选中"图层 3"，右击，在弹出的菜单中选择"遮罩层"命令，如图 7.24 所示。

（10）选中"图层 2"的第 1 帧，并复制该帧，新建一个图层"图层 4"，选中"图层 4"的第 1 帧，右击，在弹出的快捷菜单中选择"粘贴"命令，将"画轴"粘贴过来。

（11）选中"图层 4"的第 50 帧，按 F6 键插入关键帧，将"画轴"移到图片的下边缘，如图 7.25 所示。选中第 1 帧，属性中设置补间为"动画"。

图 7.24　遮罩层　　　　　　　　　　　　　　图 7.25　画轴位置

（12）在网上下载一个古典音乐文件，选择"文件"→"导入"→"导入到库"命令，将声音文件导入到元件库，再将声音文件拖到场景中，按 Ctrl＋Enter 键测试动画，导出文件。

拓展知识

Flash CC 的铅笔工具、刷子工具及快捷键

1. "铅笔工具"

"铅笔工具"用于在场景中的指定帧上绘制线和形状,它的效果就好像用真的铅笔画画一样。帧是 Flash 动画创作中的基本单元,也是所有动画及视频的基本单元,将在后面的章节中介绍。Flash CC 中的"铅笔工具"有些属于自己的特点,它可以在绘图的过程中拉直线条或者平滑曲线,还可以识别或者纠正基本几何形状。另外,我们还可以使用"铅笔工具"修正图形来创建特殊形状,也可以手工修改线条和形状。

选择工具箱中的"铅笔工具"的时候,在工具箱下部的选项部分中将显示如图 7.26 所示的选项,其中左侧的"对象绘制"按钮,用于绘制互不干扰的多个图形,单击右侧按钮下方的小三角形,会出现如图 7.27 所示的选项。这三个选项是"铅笔工具"的三个绘图模式。

选择"直线化"选项时,系统会将独立的线条自动连接,接近直线的线条将自动拉直,摇摆的曲线将实施直线式的处理,效果如图 7.28 所示。

图 7.26　"铅笔工具"选项栏　　图 7.27　下拉选项　　图 7.28　直线化效果

选择"平滑"选项时,将缩小 Flash 自动进行处理的范围。在"平滑"选项模式下,线条拉直和形状识别都被禁止。绘制曲线后,系统可以进行轻微的平滑处理,端点接近的线条彼此可以连接,效果如图 7.29 所示。

图 7.29　平滑效果

选择"墨水"选项时,将关闭 Flash 自动处理功能。画的是什么样,就是什么样,不做任何平滑、拉直或连接处理,效果如图 7.30 所示。

选择"铅笔工具"的同时,在其属性面板中也会出现如图 7.31 所示的笔触颜色、笔触高度、线条样式、自定义、端点类型和接合类型等。

图 7.30　墨水效果

图 7.31　"铅笔工具"属性面板

单击笔触颜色按钮,会弹出 Flash 自带的 Web 颜色系统,从中可以定义所需的笔触颜色;拖动"笔触"右边的游标■,用户可以自由设定线条的宽度;单击"样式"下拉列表框,用户可以在弹出的下拉列表框中选择自己所需要的线条样式;单击自定义按钮,用户也可以在弹出的"笔触样式"对话框中设置自己的线条样式。

在"笔触样式"对话框中共有 6 种线条的类型,如图 7.32 所示。下面就这 6 种线条做一下简单的介绍。

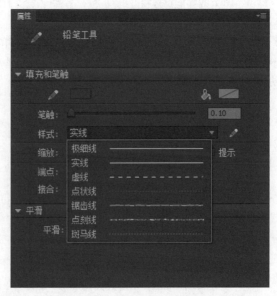

图 7.32　"笔触样式"对话框

实线：这是最适合在 Web 上使用的线型。此线型的设置可以通过"粗细"和"锐化转角"两项来设定。

虚线：这是带有均匀间隔的实线，其中短线和间隔的长度是可以调整的。

点状线：绘制的直线由间隔相等的点组成，同虚线有些相似，但只有点的间隔距离可调整。

锯齿线：绘制的直线由间隔相等的粗糙短线构成。它的粗糙程度可以通过图案、波高和波长三个选项来进行调整。在"图案"选项中有"实线""简单""随机""点状""随机点状""三点状"和"随机三点状"7 种样式可供选择；在"波高"选项中有"平坦""起伏""剧烈起伏"和"强烈"4 个选项可供选择；在"波长"选项中有"非常短""短""中"和"长"4 个选项可供选择。

点刻线：绘制的直线可用来模拟艺术家手刻的效果。点描的品质可通过点大小、点变化、密度选项来调整。在"点大小"选项中有"很小""小""中"和"大"4 个选项可供选择；在"点变化"选项中有"同一大小""微小变化""不同大小"和"随机大小"4 个选项可供选择；在"密度"选项中有"非常密集""密集""稀疏"和"非常稀疏"4 个选项可供选择。

斑马线：绘制复杂的阴影线，可以精确模拟艺术家手画的阴影线，产生无数种阴影效果，这可能是 Flash 绘图工具中复杂性最高的操作，它的参数有粗细、间隔、微动、旋转、曲线和长度。其中，"粗细"选项中有"极细""细""中"和"粗"4 个选项可供选择；"间隔"选项中有"非常近""近""远"和"非常远"4 个选项可供选择；"微动"选项中有"无""弹性""松散"和"强烈"4 个选项可供选择；"旋转"选项中有"无""轻微""中"和"自由"4 个选项可供选择；"曲线"选项中有"直线""轻微弯曲""中等弯曲"和"强烈弯曲"4 个选项可供选择；"长度"选项中有"等于""轻微变化""中等变化"和"随机"4 个选项可供选择。

2."刷子工具"

利用"刷子工具"可以绘制出刷子般的特殊笔触（包括书法效果），就好像在涂色一样。另外，在使用"刷子工具"时还可以选择刷子大小和形状。图 7.33 为使用"刷子工具"绘制的画面效果。

图 7.33　使用"刷子工具"绘制的画面效果

与"铅笔工具"相比,"刷子工具"创建的是填充形状,笔触高度为 0。填充可以是单色、渐变色,或者用位图填充。而"铅笔工具"创建的只是单一的线条。另外,"刷子工具"允许用户以非常规方式着色,可以选择在原色的前面或后面绘图,也可以选择只在特定的填充区域中绘图。

选择工具箱中的"刷子工具" ,在工具箱下部的选项部分中将显示如图 7.34 所示的选项。这里共有 5 个选项:对象绘制、刷子模式、锁定填充、刷子大小和刷子形状。

"对象绘制"按钮 用于绘制互不干扰的多个图形。

在"刷子模式"选项中有"标准绘画""颜料填充""后面绘画""颜料选择"和"内部绘画"5种模式可供选择,如图 7.35 所示。图 7.36 为使用这 5 种刷子模式绘制图形的效果比较。

图 7.34 "刷子工具"选项　　图 7.35 刷子模式　　图 7.36 使用 5 种刷子模式的效果

如果选择了"锁定填充"按钮 ,将不能再对图形进行填充颜色的修改,这样可以防止错误操作而使填充色被改变。

在"刷子大小"选项中共有从细到粗的 8 种刷子可供选择,如图 7.37 所示;在"刷子形状"选项中共有 9 种不同类型的刷子可供选择,如图 7.38 所示。

图 7.37 刷子大小　　图 7.38 刷子形状

3. Flash CC 的快捷键

表 7.1 列出了 Flash CC 的常用快捷键。

表 7.1　Flash CC 常用快捷键

分类	功能	快捷键	分类	功能	快捷键
工具命令	选择工具	V	菜单命令	新建 Flash 文件	Ctrl+N
	部分选取工具	A		打开 FLA 文件	Ctrl+O
	线条工具	N		保存	Ctrl+S
	套索工具	L		另存为	Ctrl+Shift+S
	钢笔工具	P		导入	Ctrl+R
	文本工具	T		发布预览	Ctrl+F12
	椭圆工具	O		发布	Shift+F12
	矩形工具	R		撤销命令	Ctrl+Z
	铅笔工具	Y		剪切到剪贴板	Ctrl+X
	刷子工具	B		复制到剪贴板	Ctrl+C
	任意变形工具	Q		粘贴剪贴板内容	Ctrl+V
	填充变形工具	F		粘贴到当前位置	Ctrl+Shift+V
	墨水瓶工具	S		全部选取	Ctrl+A
	颜料桶工具	K		取消全选	Ctrl+Shift+A
	滴管工具	I		放大视图	Ctrl+"+"
	橡皮擦工具	E		缩小视图	Ctrl+"−"
	手形工具	H		100%显示	Ctrl+1
	缩放工具	Z 或 M		缩放到帧大小	Ctrl+2
				全部显示	Ctrl+3
				组合	Ctrl+G
				取消组合	Ctrl+Shift+G
				打散分离对象	Ctrl+B
				分散到图层	Ctrl+Shift+D

✎ 小结

　　本单元主要介绍了 Adobe Flash CC 动画制作的相关知识,学习了 Adobe Flash CC 的工具箱和快捷键,并通过两个实际动画处理任务,重点学习了矩形工具、椭圆工具等工具的使用,学习了遮罩层、引导层的建立和使用方法,最后完成了两个实际的动画制作项目。

习　题

一、填空题

1. Adobe Flash CC 中有三种动画形式,分别是_____、_____和_____。

2. 在 Adobe Flash CC 中按住_____键移动图形可以实现复制图形,按_____键可以打散图形,按_____键可以选择全部。

二、选择题

1. 在 Adobe Flash CC 颜色面板中,删除一个色标时,在用鼠标单击色标前要按住_____。

　　A. Shift 键　　　　　　B. Alt 键　　　　　　C. Ctrl 键　　　　　　D. Shift＋Ctrl 键

2. 在 Adobe Flash CC 中矩形绘制完成后_____。

A. 不能对填充和线条属性进行修改

B. 只能修改填充属性,不能修改线条属性

C. 只能修改线条属性,不能修改填充属性

D. 可以修改填充和线条属性,不能修改矩形角和半径

三、判断题

1. 在 Adobe Flash CC 中遮罩层是将被遮罩层的内容遮住,使其不可见。　　　　（　　）

2. Adobe Flash CC 中的图层位置与显示效果无关。　　　　　　　　　　　　（　　）

四、简答题

遮罩层的作用是什么?

五、操作题

请发挥自己的创新意识,自行设计完成一个遮罩层的动画制作。

特效动画设计

知识教学目标
- 理解 Flash CC 特效文字的制作原理；
- 掌握 Flash CC 中图片变动画的原理；
- 掌握 Flash CC 中音频设置的相关概念。

技能培养目标
- 能在 Flash CC 中制作空心字；
- 能在 Flash CC 中使用声音素材；
- 能使用 Flash CC 中墨水瓶工具处理图形素材。

任务 8.1　特效文字

任务描述 ❧

本任务要制作一个具有三棱效果的文字特效，显示文字轮转的效果。学生可根据自己的想象力，制作出其他的效果。动画效果的一个画面如图 8.1 所示。

图 8.1　效果画面

知识准备 ❧

1."墨水瓶工具"

利用"墨水瓶工具"可以改变现存直线的颜色、线型和宽度，这个工具通常与"滴管工具"连用。

使用"墨水瓶工具"的具体操作步骤如下：

（1）选择工具箱中的"墨水瓶工具"。

（2）选择"窗口"→"属性"命令，打开如图8.2所示的属性面板。

图8.2 "墨水瓶工具"属性面板

（3）在属性面板中单击"笔触"按钮，从弹出的"颜色样本"对话框中选择笔触颜色。拖动"笔触"右边滑标，设置笔触线的宽度。笔触样式选项仍使用默认的"实线"样式，或根据实际需要选择其他笔触样式。

（4）将鼠标指针移至所需填充的线条上（或者图形的外边框附近），单击完成线条颜色及样式的修改。

2．"滴管工具"

"滴管工具"用于从现有的钢笔线条、画笔描边或者填充上取得（或者复制）颜色和风格信息。"滴管工具"没有任何参数。

当"滴管工具"不是在线条、填充或者画笔描边的上方时，其光标显示为，类似于工具箱中的"滴管工具"图标；当"滴管工具"位于直线上方时，其光标显示为，即在标准的"滴管工具"的右下方显示一个小的铅笔；当"滴管工具"位于填充上方时，其光标显示为，即在标准的"滴管工具"光标右下方显示一个小的刷子。当"滴管工具"位于直线、填充或者画笔描边上方时，按住Shift键，其光标显示为，即在光标的右下方显示为倒转的"U"字形状。在这种模式下，使用"滴管工具"可以将被单击对象的编辑工具的属性改变为被单击对象的属性。按住Shift键，单击对象，可以取得被单击对象的属性并立即改变相应编辑工具的属性，例如"墨水瓶工具""铅笔工具"或者"文本工具"。"滴管工具"还允许用户从位图图像取样用作填充。

用"滴管工具"可取得被单击直线或者填充的所有属性（包括颜色、渐变、风格和宽度）。但是，如果内容不是正在编辑，那么组的属性不能用这种方式获取。

3．"任意变形工具"

利用"任意变形工具"可以对图形对象进行旋转、缩放、扭曲和封套变形等操作。

选择工具箱中的"任意变形工具"，单击要变形的图形，此时图形四周会被一个带有8个控制点的方框所包围，如图8.3所示。工

图8.3 选择要变形的图形

具箱的下方也会出现相应的 5 个选项按钮,如图 8.4 所示。这 5 个按钮的功能如下。

● 紧贴至对象 🧲 :激活该按钮,拖动图形时可以进行自动吸附。

● 旋转与倾斜 ↻ :激活该按钮,然后将鼠标指针移动到外框顶点的控制柄上,鼠标指针变为旋转形状,此时拖动鼠标即可对图形进行旋转,如图 8.5 所示;将鼠标指针移动到中间的控制柄上,鼠标指针变为垂直或水平形状,此时拖动鼠标可以将对象进行倾斜,如图 8.6 所示。

图 8.4 选项按钮

图 8.5 旋转效果

图 8.6 倾斜效果

● 缩放 🔳 :激活该按钮,然后将鼠标指针移动到图形外框的控制柄上,鼠标变为双向箭头形状,此时拖动鼠标可以改变图形的尺寸大小。

● 扭曲 🔲 :激活该按钮,然后将鼠标指针移动到外框的控制柄上,鼠标指针变为形状,此时拖动鼠标可以对图形进行扭曲变形,如图 8.7 所示。

● 封套 🔲 :激活该按钮,此时图形的四周会出现很多控制柄,如图 8.8 所示。拖动这些控制柄,可以对图形进行更细微的变形,如图 8.9 所示。

图 8.7 扭曲变形效果

图 8.8 封套控制柄

图 8.9 封套变形效果

任务实施 ⚙

任务流程:新建文档→新建元件→输入文本→制作空心字→填充图案→动画设置→保存结果。

(1) 启动 Flash CC,新建 Flash 文件(ActionScript 3.0),创建一个新电影。

(2) 设置文档属性。在"文档"属性面板中设置背景颜色为白色,宽和高分别设置为 700 像素和 400 像素,如图 8.10 所示,单击"确定"按钮。

（3）创建新元件。选择"插入"→"新元件"命令，在弹出的"创建新元件"对话框中，选择元件类型为"图形"，输入元件名称为"文字"，如图 8.11 所示，单击"确定"按钮。

图 8.10　文档属性设置

图 8.11　创建"文字"元件

（4）设置文字属性。在文字元件编辑窗口中，选择"文本工具" **T**，在其属性面板中设置字体为"宋体"，文字大小为 80 磅，如图 8.12 所示。

图 8.12　设置文字属性

（5）输入文字。在元件编辑场景中拖动鼠标，拖出一个适当宽度的矩形框，在其中输入文字"三棱文字制作效果"，如图 8.13 所示。

图 8.13　输入文字

（6）打散文字。选择"选择工具" ，选择刚输入的文字，按 Ctrl＋B 键将文字分解成独立的文字，如图 8.14 所示。再按 Ctrl＋B 键把每一个文字打散，如图 8.15 所示。

图 8.14　打散成独立文字

三棱文字制作效果

图 8.15　每个文字都被打散

（7）文字打散后在场景空白处单击，取消文字的选中状态。

（8）设置"墨水瓶工具"属性。选择"墨水瓶工具" ，在其属性面板中设置笔触粗细、笔触颜色、笔触类型，如图 8.16 所示。

图 8.16　"墨水瓶工具"属性设置

三棱文字制作效果

图 8.17　空心字

（9）制作空心字。用"墨水瓶工具" 单击文字的各部分，使每个文字都描上边框线，选择"选择工具" ，单击文字内部的颜色，按 Backspace 键，删除内部颜色，如图 8.17 所示。

（10）导入图片。选择"文件"→"导入"→"导入到舞台"命令，把素材中的图片（6.jpg）导入进来，选择"任意变形工具" 将图片拖到与文字宽度一致，如图 8.18 所示。

（11）给文字填充色彩。按 Ctrl＋B 键，将图片打散，把文字拖到图片上，如图 8.19 所示。

图 8.18　改变图片大小

图 8.19　将文字拖到图片上

（12）选择"选择工具" <img>,单击图片上文字以外的地方,按 Backspace 键,删除文字以外的图形,如图 8.20 所示。

三棱文字制作效果

图 8.20　背景颜色文字

（13）图层 1 帧设置。返回场景中,将库中的文字拖到舞台,在第 30 帧处按 F6 键插入关键帧,再选择第 1 帧,选择"任意变形工具" <img>,将元件的调节点拖到下边线上,然后再把元件下边往上拖动,使得元件的高度变小,如图 8.21 所示。

图 8.21　图层 1 第 1 帧

（14）设置透明度。在属性面板中设置透明度为 5%,如图 8.22 所示。

图 8.22　透明度设置

（15）创建图层 1 的补间动画。选择图层 1 的第 1 帧,右击,在弹出的菜单中选择"创建传统补间"命令。此时,时间轴上出现一条有向实线,如图 8.23 所示。

图层 1

图 8.23　图层 1 时间轴

（16）图层 2 帧设置。新建"图层 2",将库中的文字拖到舞台,在第 30 帧处按 F6 键插入关键帧,再选择第 30 帧,选择"任意变形工具" <img>,将元件的调节点拖到下边线上,然后再把元件下边往上拖动,使得元件的高度变小,如图 8.24 所示。

图 8.24　图层 2 第 30 帧

（17）设置透明度。在属性面板中设置透明度为 5%，如图 8.25 所示。

图 8.25　透明度设置

（18）创建图层 2 的补间动画。选择图层 2 的第 1 帧，右击，在弹出的菜单中选择"创建传统补间"命令。此时，时间轴上出现一条有向实线，如图 8.26 所示。调整第 30 帧图片的位置。

图 8.26　图层 2 时间轴

（19）测试运行，直到满意为止，保存文件。按 Ctrl＋Enter 键导出结果。

任务 8.2　瀑布效果

任务描述

本任务利用瀑布图片作为背景，制作一个具有"瀑布"的动画效果，并配上优美动听的音乐，动画效果的一个画面如图 8.27 所示。

瀑布效果动画制作视频

图 8.27　瀑布效果画面

知识准备

1. "套索工具"

"套索工具"是一种选取工具，使用它可以勾勒任意形状的范围来进行选择。该工具主要用于处理位图。

选择工具箱中的"套索工具",该工具包括三个选项,如图 8.28 所示。这三个选项的功能如下。

- 魔术棒 ：用于选取位图中的同一色彩的区域。
- 魔术棒设置 ：单击该按钮将弹出如图 8.29 所示的属性面板。该面板中"阈值"用于定义所选区域内相邻像素的颜色接近程度,数值越高,包含的颜色范围越广,如果数值为 0,表示只选择与所单击像素的颜色完全相同的像素;"平滑"用于定义所选区域边缘的平滑程度,一共有 4 个选项可供选择,如图 8.30 所示。
- 多边形模式 ：激活该按钮,可以绘制多边形区域作为选择对象。单击设定多边形选择区域起始点,然后将鼠标指针放在第一条线要结束的地方后单击,以设定其结束点。同理,继续设定其他线段的结束点。如果要闭合选择区域,只需双击即可。

图 8.28　套索工具选项按钮　　　图 8.29　魔术棒设置对话框　　　图 8.30　平滑下拉列表

2. "橡皮擦工具"

"橡皮擦工具"作为绘图和着色工具的主要辅助工具,在整个 Flash 绘图中有着不可替代的作用。

使用"橡皮擦工具"可以快速擦除笔触段或填充区域等工作区中的任何内容。用户还可以自定义橡皮擦工具,以便只擦除笔触,只擦除数个填充区域或单个填充区域。

选择"橡皮擦工具"后,在工具箱的下方会出现如图 8.31 所示的参数选项。

橡皮擦形状选项中共有圆形、方形两种类型从细到粗的 10 种形状,如图 8.32 所示。

橡皮擦模式控制并限制了橡皮擦工具进行擦除时的行为方式。橡皮擦模式选项中共有 5 种模式:标准擦除、擦除填色、擦除线条、擦除所选填充和内部擦除,如图 8.33 所示。各项说明如下。

图 8.31　"橡皮擦工具"选项　图 8.32　橡皮擦形状　　图 8.33　橡皮擦模式

- 标准擦除:这时"橡皮擦工具"就像普通的橡皮擦一样,将擦除所经过的所有线条和填充色,只要这些线条或者填充色位于当前图层中。

- 擦除填色：这时"橡皮擦工具"只擦除填充色,而保留线条。
- 擦除线条：与擦除填色模式相反,这时"橡皮擦工具"只擦除线条,而保留填充色。
- 擦除所选填充：这时"橡皮擦工具"只擦除当前选中的填充色,保留未被选中的填充色以及所有的线条。
- 内部擦除：只擦除橡皮擦笔触开始处的填充色。如果从空白点开始擦除,则不会擦除任何内容。以这种模式使用橡皮擦并不影响笔触。

任务实施

任务流程：新建文档→导入图片→编辑帧→制作遮片→编辑遮片→实现瀑布效果→测试、存盘、发布。

（1）启动 Flash CC,新建 Flash 文件（ActionScript 3.0）,创建一个新电影,在"文档"属性面板中设置宽为 550 像素,高为 400 像素,背景颜色为♯0000ff,如图 8.34 所示,单击"确定"按钮。

（2）选中第 1 帧,选择"文件"→"导入"→"导入到舞台"命令,将素材"瀑布图片.jpg"文件导入到舞台,选择"任意变形工具"，调整图片的位置和大小,锁定图层 1,如图 8.35 所示。

图 8.34　文档属性设置

图 8.35　图片、图层设置

157

（3）单击"插入图层"按钮 ⬛，新建一个图层并命名为"图层2"，选择图层1的第1帧，右击，在弹出的快捷菜单中选择"复制帧"命令，再选择图层2的第1帧，右击，在弹出的快捷菜单中选择"粘贴帧"命令，这时图层1的第1帧就和图层2的第1帧完全一样。选中图层2的第1帧上的图片，按键盘上的右方向键"→"，这样，图层2的第1帧便与图层1的第1帧的图片向右错开一个像素。单击图层1中 👁 下边的按钮·使图层1不可见，如图8.36所示。

图8.36　设置图层1不可见

（4）选择"选择工具" ⬚，单击图层2第1帧中的图片，按Ctrl+B键将图片打散，如图8.37所示。

（5）选择"套索工具" ⬭，选择一块连续的没有水的区域，按Backspace键删除该区域的图片内容，露出背景颜色，用同样的方法删除其他没有水的区域，如图8.38所示。此时还有一小部分没有水的地方没有删除。

（6）选择"橡皮擦工具" ⬚，在工具箱下方单击"橡皮形状"按钮 ⬤，选择一种合适大小的橡皮形状，在场景中未被擦掉的没有水的地方涂抹，使没有水的地方全部擦除，如图8.39所示，锁定图层2。

图8.37　打散图片

图8.38　删除没有水的区域

图8.39　用"橡皮擦工具"修补擦除

（7）绘制一个矩形。在图层 2 上方新建一个图层，并把它命名为"遮片"。选择"矩形工具" ，设置笔触颜色为无 ，填充色为红色，单击"遮片"的第 1 帧，在场景中绘制一个矩形，选择"选择工具" ，单击该矩形，在属性面板中设置宽为 560 像素，高为 6 像素，把该矩形移动到图片上方，并相对舞台水平居中，如图 8.40 所示。

（8）复制矩形。选中上面的矩形，右击，在弹出的快捷菜单中选择"复制"命令，再右击，选择"粘贴"命令，复制出一个矩形，拖动复制出来的矩形离开原来的矩形，此时在场景中应该能看到两个矩形。用同样的方法复制出 25～30 个矩形，然后把全部矩形选中。选择"窗口"→"对齐"命令，打开对齐面板，如图 8.41 所示。单击"水平居中对齐"按钮 ，再单击"垂直平均间隔"按钮 ，使矩形均匀排列，如图 8.42 所示。

图 8.40　绘制一个小矩形

图 8.41　对齐面板

（9）选中全部矩形，右击，在弹出的快捷菜单中选择"转换为元件"命令，在弹出的"创建新元件"对话框中选择元件类型为"图形"，输入元件名称为"遮片"，如图 8.43 所示，单击"确定"按钮。

图 8.42　排列矩形

图 8.43　元件设置

（10）选择"遮片"图层的第 1 帧，调整"遮片"的位置，使它的上边框与背景图片的上边框对齐，如图 8.44 所示。

（11）选择"遮片"图层的第 100 帧，按 F6 键插入关键帧，分别选中图层 1 和图层 2 的第 100 帧，按 F5 键插入帧。单击"遮片"图层的第 100 帧，把"遮片"向下移动一段距离，使它的下边框与背景图片的下边框对齐，如图 8.45 所示。

图 8.44　对齐上边框

图 8.45　对齐下边框

（12）选择"遮片"图层的第 1 帧，右击，在弹出的菜单中选择"创建传统补间"命令。最后选择"遮片"图层，右击，在弹出的快捷菜单中勾选"遮罩层"命令，此时时间轴和场景如图 8.46所示。

图 8.46　最后的场景和时间轴

（13）导入声音素材。在网上下载一首"高山流水"音乐文件，选择"文件"→"导入"→"导入到库"命令，单击"遮片"图层的第 1 帧，在其属性面板中选择"高山流水"音乐文件，效果选择"淡入"选项，同步选择"开始"选项。

（14）保存文件，按 Ctrl＋Enter 键测试并导出文件。如果效果不满意可以调整图层 2 的左右位置或调整遮罩层的上下位置，直到满意为止。

拓展知识 ✪

Flash 的应用领域

Flash 应用的领域主要有以下几个方面。

（1）娱乐短片：这是当前国内最火爆，也是广大 Flash 爱好者最热衷应用的一个领域，就是利用 Flash 制作动画短片,供大家娱乐。这是一个发展潜力很大的领域,也是一个 Flash 爱好者展现自我的平台。

(2)片头:都说人靠衣装,其实网站也一样。精美的片头动画,可以大大提升网站的含金量。片头就如电视的栏目片头一样,可以在很短的时间内把自己的整体信息传播给访问者,既可以给访问者留下深刻的印象,同时也能在访问者心中建立良好形象。

(3)广告:这是最近两年开始流行的一种形式。有了 Flash,广告在网络上发布才成为了可能,而且发展势头迅猛。根据调查资料显示,国外的很多企业都愿意采用 Flash 制作广告,因为它既可以在网络上发布,同时也可以存为视频格式在传统的电视台播放。一次制作,多平台发布,所以必将会越来越得到更多企业的青睐。

(4)MTV:这也是一种应用比较广泛的形式。在一些 Flash 制作的网站,几乎每周都有新的 MTV 作品产生。在国内,用 Flash 制作 MTV 也开始有了商业应用。

(5)导航条:Flash 的按钮功能非常强大,是制作菜单的首选。通过鼠标的各种动作,可以实现动画、声音等多媒体效果。利用 Flash 开发"迷你"小游戏,在国外一些大公司比较流行,他们把网络广告和网络游戏结合起来,让观众参与其中,大大增强了广告效果。

(6)产品展示:由于 Flash 有强大的交互功能,所以一些大公司,如戴尔、三星等,都喜欢利用它来展示产品。可以通过方向键选择产品,再控制观看产品的功能、外观等,互动的展示比传统的展示方式更胜一筹。

(7)应用程序开发的界面:传统的应用程序的界面都是静止的图片,由于任何支持 ActiveX 的程序设计系统都可以使用 Flash 动画,所以越来越多的应用程序界面应用了 Flash 动画。

(8)开发网络应用程序:目前 Flash 已经大大增强了网络功能,可以直接通过 XML(可扩展标记语言)读取数据,又加强与 ColdFusion、ASP(活动服务器页面)、JSP(Java 服务器页面)和 Generator 的整合,所以用 Flash 开发网络应用程序肯定会越来越广泛地被采用。

✎ **小结**

本单元介绍了 Adobe Flash CC 音频资源的相关知识,学习了 Adobe Flash CC 空心字的制作方法和由图片到动画的制作方法和技巧,学习了音频的设置和使用方法,并通过两个实际动画处理任务,重点学习了墨水瓶工具、任意变形工具、套索工具、橡皮擦工具等的使用,最后完成了两个实际的动画制作项目。

习　题

一、填空题

1. 墨水瓶工具属性中,常用的属性有_____、_____和_____三种。
2. 任意变形工具可以对图形对象进行_____、_____、_____、_____等操作。

二、选择题

1. 在套索工具的魔术棒设置中,叙述正确的是_____。

A. 阈值越大,选取的区域越大   B. 阈值越大,选取的区域越小

C. 阈值与选取的区域大小无关   D. 以上都不对

2. 关于橡皮擦工具,叙述正确的是_____。

A. 橡皮擦工具只能擦除笔触

B. 橡皮擦工具只能擦除填充区域

C. 橡皮擦工具只能将笔触和填充区域同时擦除

D. 橡皮擦工具可以设置为只擦除笔触或只擦除填充区域

三、判断题

1. 利用墨水瓶工具不能改变现存直线的颜色、线型和宽度。　　　　　　　（　　）

2. Flash CC 包括事件声音和音频流,音频流可以在前几帧下载了足够的数据后就开始播放。　　　　　　　　　　　　　　　　　　　　　　　　　　　　　　　　（　　）

四、简答题

如何设置单个音频和所有音频属性?

五、操作题

发挥自己的想象力,从网上下载一幅图片,自行设计完成一个使图片中的一部分产生动感的动画,并配上相应的音乐。

转动与引导动画设计

知识教学目标
- 掌握 Flash CC 中转动动画的概念;
- 掌握 Flash CC 中引导动画的原理;
- 掌握 Flash CC 中封套的概念。

技能培养目标
- 能利用 Flash CC 制作转动动画;
- 能在 Flash CC 中制作逐帧动画;
- 能在 Flash CC 中使用复制并应用变形进行图像处理。

任务 9.1 转动的风车

任务描述 ⊛

本任务需制作一个转动的风车,并使风车具有大小、颜色、转动方向变化的效果,动画效果的一个画面如图 9.1 所示。

图 9.1 动画效果的一个画面

知识准备 ⊛

1. 变形面板

选择"窗口"→"变形"命令,可以打开变形面板,如图 9.2 所示。在这里可以设置图形的宽度、高度、旋转角度和倾斜角度等变形参数，单击"复制并应用变形"按钮 ，可以应用这个变形复制出一个新的图形。

2. 对齐面板

选择"窗口"→"对齐"命令，可以打开对齐面板，如图9.3所示。在这里可以设置图形相对舞台的位置及排列方式等。"对齐"包括水平居中、垂直居中等；"分布"包括顶部分布，底部分布等；"匹配"包括匹配高度、匹配宽度等；"间隔"包括水平平均间隔和垂直平均间隔。

图9.2　变形面板

图9.3　对齐面板

3. 对补间动画的特殊控制

补间动画产生后，还可以利用属性面板中的相关选项实现进一步的控制，比如旋转设置，使用运动产生旋转效果，缓动设置使运动产生非匀速运动效果等，如图9.4所示。

图9.4　对补间动画的特殊控制

任务实施

任务流程：新建文档→新建元件→转动动画设置→帧设置→保存结果→导出文件。

（1）启动 Flash CC,新建 Flash 文件(ActionScript 3.0),创建一个新电影。

（2）设置文档属性。在"文档"属性面板中设置背景颜色为白色,宽和高分别设置为 550 像素和 400 像素,如图 9.5 所示,单击"确定"按钮。

（3）创建新元件。选择"插入"→"新元件"命令,在弹出的"创建新元件"对话框中,选择元件类型为"图形",输入元件名称为"风车",如图 9.6 所示,单击"确定"按钮。

图 9.5　文档属性设置

图 9.6　创建"风车"元件

（4）选择"椭圆工具" ,在"椭圆工具"属性面板中设置"笔触"为无,填充色为红色,如图9.7 所示。

（5）按住 Shift 键在元件编辑场景中拖动鼠标,拖出一个圆形,选择"选择工具" 后单击圆形,在其属性面板中设置宽、高都为 130,如图 9.8 所示。

图 9.7　设置"椭圆工具"属性

图 9.8　椭圆属性设置

（6）选择"选择工具" ,在圆形上拖动鼠标,框选出左边半个圆,按 Backspace 键,删除左半圆,并把右半圆下边线移动到元件中心位置,如图 9.9 所示。

（7）选中右半圆,选择"任意变形工具" ,选择"窗口"→"变形"命令,弹出变形面板,如图 9.10 所示。

图 9.9　右半圆位置

图 9.10　变形面板

（8）在变形面板中设置"旋转"为 90°，单击"复制并应用变形"按钮▣，此时在元件场景中出现另一个半圆，移动复制出的半圆，使其左边线对齐元件中心位置，如图 9.11 所示。

（9）在其属性面板中，设置填充颜色为绿色。用同样的方法再复制两个半圆，填充颜色分别为蓝色和黄色，并对齐于元件中心，制作出风车图形，如图 9.12 所示。

图 9.11　移动复制的半圆　　　　　图 9.12　风车图形

（10）返回场景，单击时间轴的第 20 帧，按 F6 键插入关键帧，单击时间轴的第 40 帧，按 F6 键插入关键帧，选择第 1 帧，属性中补间选择"动画"，选择第 20 帧，属性中补间选择"动画"。这时时间轴如图 9.13 所示。

图 9.13　时间轴

（11）选择第 1 帧，在属性面板中设置"缓动"为"100"，旋转为"顺时针"，如图 9.14 所示。

图 9.14　第 1 帧转动属性设置

（12）选择第 20 帧，在属性面板中设置"缓动"为"－100"，旋转为"逆时针"，如图 9.15 所示。

图 9.15　第 20 帧转动属性设置

（13）单击时间轴的第 20 帧，选择"选择工具" ，选中第 20 帧的图形，在属性面板中颜色选择"Alpha"选项，Alpha 值设置为 5％，如图 9.16 所示。

图 9.16　Alpha 设置

（14）选择"任意变形工具" ，单击第 20 帧的图形，图形四周出现控制柄，拖动控制柄使图形变小。

（15）保存文件，按 Ctrl＋Enter 键，测试结果并导出文件。

任务 9.2　写字的羽毛

任务描述 ◎◎

本任务要制作一个用羽毛笔写字的动画效果，动画效果的一个画面如图 9.17 所示。

图 9.17　效果画面

知识准备

下面介绍"钢笔工具" ✍ 的使用。

使用"钢笔工具"可以绘制精确的路径，如直线或者平滑流畅的曲线，并可调整直线段的角度、长度以及曲线段的斜率。图 9.18 为使用"钢笔工具"绘制的图形。

图 9.18　使用"钢笔工具"绘制的图形

用户可以指定"钢笔工具"指针外观的首选参数，以便在画线段时进行预览，或者查看选定锚点的外观。

选择工具箱中的"钢笔工具"，执行菜单中的"编辑"→"首选参数"命令，然后在弹出的"首选参数"对话框中单击"绘制"选项，如图 9.19 所示。

图 9.19　"钢笔工具"的首选参数

> ✏️ **提示**
>
> 　　显示钢笔预览：选择该选项，可在绘画时预览线段。单击创建线段的终点之前，在工作区周围移动指针时，Flash 会显示线段预览。如果未选择该选项，则在创建线段终点之前，Flash 不会显示该线段。

使用"钢笔工具"绘制直线路径的方法如下：

（1）选择工具箱中的"钢笔工具" ✍，然后在其属性面板中设置笔触和填充属性。

（2）将指针定位在工作区中想要开始绘制直线的地方，然后单击以定义第一个锚点。

（3）在用户想要绘制的第一条线段结束的位置再次单击。按住 Shift 键单击，可以将线条限制为倾斜 45°的倍数。

（4）继续单击以创建其他直线段。

（5）要以开放或闭合形状完成此路径，请执行以下操作之一。

①结束开放路径的绘制。方法：双击最后一个点或单击工具箱中的"钢笔工具"。

②封闭开放路径。方法：将"钢笔工具"放置到第一个锚点上。如果定位准确，就会在靠近钢笔尖的地方出现一个小圆圈，单击即可。

使用"钢笔工具"绘制曲线路径的方法如下：

（1）选择工具箱中的"钢笔工具"。

（2）将"钢笔工具"放置在工作区中曲线开始的地方，然后单击，此时出现第一个锚点，并且钢笔尖变为箭头。

（3）向想要绘制曲线段的方向拖动鼠标。按下 Shift 键拖动鼠标可以将该工具限制为绘制 45°的倍数。随着拖动，将会出现曲线的切线手柄。

（4）释放鼠标，此时切线手柄的长度和斜率决定了曲线段的形状。可以在以后移动切线手柄来调整曲线。

（5）将指针放在想要结束曲线段的地方，单击鼠标左键，然后朝相反的方向拖动，并按下 Shift 键，会将该线段限制为倾斜 45°的倍数。

（6）要绘制曲线的下一段，可以将指针放置在想要下一线段结束的位置上，然后拖动该曲线，即可绘制出曲线的下一段。

在使用"钢笔工具"绘制曲线时，创建的是曲线点，即连续的弯曲路径上的锚点。在绘制直线段或连接到曲线段的直线时，创建的是转角点，即在直线路径上或直线和曲线路径接合处的锚点。

按住 Alt 键拖动转角点可以将直线段转换为曲线段，单击转角点可以将曲线段转换为直线段。选择"钢笔工具"在非锚点处单击可以添加锚点，按住 Ctrl 键拖动锚点可以移动锚点，按住 Ctrl 键单击锚点后按 Backspace 键可以删除锚点。

任务实施

任务流程：新建文档→新建元件→制作羽毛→输入文字→动画设置→引导层设置→写字效果制作→导出文件。

（1）启动 Flash CC，新建 Flash 文件（ActionScript 3.0），创建一个新电影。

（2）设置文档属性，大小为 550 像素×400 像素，背景颜色设置为黑色，如图 9.20 所示。

（3）选择"插入"→"新建元件"命令，在"创建新元件"对话框中，将元件命名为"文字"，选择类型为"图形"。

（4）选择"文本工具" T，在属性面板中设定字体为楷体，字号为 96 磅，颜色为深蓝色，如图 9.21 所示。

引导动画制作
视频

图 9.20　设置文档属性

图 9.21　设置文本属性

（5）设置完成后，在元件场景中输入"羽毛"二字，如图 9.22 所示。

（6）选择"插入"→"新建元件"命令，在"创建新元件"对话框中，将元件命名为"羽毛"，选择类型为"图形"。

（7）选择"矩形工具" ，笔触选择无，填充色选蓝色，绘制一个矩形，选择"选择工具" ，单击矩形，在其属性面板中设置宽为 60 像素，高为 100 像素。绘制出的矩形如图 9.23 所示。

图 9.22　输入文字　　　　　　　　　　　　图 9.23　绘制矩形

（8）选择"线条工具" ，笔触选白色，在矩形左上角到右下角画一条直线，如图 9.24 所示。

（9）选择"选择工具" ，单击矩形的上半部分，按 Backspace 键，删除矩形的上半部分，再单击直线，按 Backspace 键，删除直线，结果如图 9.25 所示。

图 9.24　绘制直线　　　　　　　　　　　图 9.25　剩下的三角形

（10）选择"选择工具" ，框选剩下的三角形，右击，在弹出的快捷菜单中选择"复制"命令，再右击，选择"粘贴"命令，此时出现一个相同的新三角形。将这个三角形与第一个三角形排列到一起，再用同样的方法复制出 25～30 个三角形。

（11）选择"选择工具" ，框选全部图形，再单击"任意变形工具" ，此时全部图形周围出现控制柄，拖动控制柄，调整图形大小和位置，如图 9.26 所示。

图 9.26　调整图形

（12）选择"选择工具" ，框选全部图形，右击，在弹出的快捷菜单中选择"复制"命令，再右击，选择"粘贴"命令，此时复制出另一个同样的图形。

（13）选择"修改"→"变形"→"垂直翻转"命令，将翻转后的图形与上面图形调整成如图9.27所示的样式。

图 9.27　调整后的图形

（14）选择"选择工具" ，框选全部图形，再选择"任意变形工具" ，在工具箱下方选择"封套"按钮 ，此时图形四周出现很多方形和圆形标记。拖动左边中间的方形标记向右移动，再拖动左边上、下两个方形标记向内移动，拖动右边方形标记向右移动，最后调整其他标记，调整后图形如图9.28所示。

（15）使用"任意变形工具" 将图形调整为合适大小。自行填充颜色。

图 9.28　调整图形

（16）选择"矩形工具" ，在属性面板中笔触选择无，在颜色面板中类型选择"线性渐变"，双击左边的色标 ，在弹出的调色板中选择白色，再双击右边的色标 ，在弹出的调色板中选择灰色。

（17）在元件场景中画一个长矩形（作羽毛骨架用）。

（18）选择"修改"→"变形"→"扭曲"命令，调整矩形，将调整后的矩形拖放到"羽毛"中央，如图9.29所示。

图 9.29　羽毛骨架

（19）返回到场景1，新建一个图层，右击，在弹出的菜单中选择"引导层"。

（20）选择该引导层，选择"窗口"→"库"命令，在屏幕右下方打开元件库窗口，将库中的"文字"元件拖入引导层场景中。

（21）选择"钢笔工具" ，在文字的路径上建立锚点路径。锚完路径后，选择"选择工具"，删除文字符号，这时的引导层中只有线条，如图9.30所示。

图 9.30　建立引导路径

（22）选中图层1,在元件库中将羽毛符号拖入场景中,并将笔尖放在线条的起点处,如图9.31所示(注：有时可能需要调整笔尖的位置)。

（23）在引导层的第50帧处按F5键插入帧,延长引导帧。

（24）在图层1的第50帧处按F6键插入关键帧,选中图层1第50帧的关键帧,将羽毛笔笔尖移动到线条的结束位置,如图9.32所示。

图9.31　拖入"羽毛"到起点　　　　　　　　　图9.32　拖入"羽毛"到终点

（25）再选中图层1的第1帧,创建传统补间,此时,按Enter键,应该看到羽毛笔在线条上移动。

（26）新建一个图层,命名为"图层3",将库中的"文字"拖入图层3的场景中,使之与刚才所绘制的线条重合。

（27）选中图层3中的"文字",连续按Ctrl＋B键两次,将其打散。

（28）在图层3中的第2帧到第50帧处连续按F6键,使它们都插入一个关键帧,如图9.33所示。

图9.33　插入关键帧

（29）锁定图层1和引导层,将图层3移动到最上层。

（30）选择图层3的第2帧,将羽毛笔没有写到的文字部分擦去,选中图层3的第3帧,将羽毛笔没有写到的文字部分擦去。用同样的方法处理第4帧至第50帧。中间的一个结果如图9.34所示。

图9.34　擦除没有写到的部分文字

（31）设置引导层为不可见（单击相应图层中 ▰ 下面的 ▪ 按钮），按 Ctrl＋Enter 键，观看效果。

拓展知识 🔍

Flash CC 中导入资源和元件的应用及动作脚本简介

1. Flash 的发展

Flash 最早期的版本称为 Future Splash Animator，当时 Future Splash Animator 最大的两个用户是微软（Microsoft）和迪士尼（Disney）。1996 年 11 月，Future Splash Animator 卖给了 Macromedia 公司，同时改名为 Flash 1.0。这里不得不提到的人物是乔纳森·盖伊（Jonathan Gay），是他和他的六人小组首先创造了 Future Splash Animator，也就是现在 Flash 的真正前身。

Macromedia 公司在 1997 年 6 月推出了 Flash 2.0 版本，1998 年 5 月推出了 Flash 3.0 版本。但是这些早期版本的 Flash 使用的都是 Shockwave 播放器。自 Flash 进入 4.0 版本以后，原来所使用的 Shockwave 播放器便仅供 Director 使用。Flash 4.0 开始有了自己专用的播放器，称为"Flash Player"，但是为了保持向下相容性，Flash 仍然沿用了原有的扩展名：.swf（Shockwave Flash）。

2000 年 8 月 Macromedia 公司推出了 Flash 5.0 版本，它所支持的播放器为 Flash Player 5。Flash 5.0 中的 ActionScript 已有了长足的进步，并且开始了对 XML 和 Smart Clip（智能影片剪辑）的支持。ActionScript 的语法已经开始定位为一种完整的面向对象的语言，并且遵循 ECMAScript 的标准，就像 JavaScript 那样。

2002 年 3 月 Macromedia 公司推出了 Flash MX 支持的播放器为 Flash Player 6。Flash Player 6 开始了对外部 JPG 和 MP3 调入的支持，同时也增加了更多的内建对象，提供了对 HTML 文本更精确的控制，并引入 SetInterval 超频帧的概念，同时也改进了 SWF 文件的压缩技术。

2005 年 10 月，Macromedia 公司推出了 Flash 8.0 版本，增强了对视频的支持，可以将 Flash 源文件打包成 Flash 视频（即 ＊.flv 文件），并改进了动作脚本面板。

2010 年发布了 Adobe Flash CS5，增加对 FlashBuilder、TLF 文本的支持；2011 年推出 Adobe Flash CS5.5 Professional，支持 iOS 项目开发；2012 年 Adobe Flash CS6 Professional 问世，支持 HTML、3D 转换。

2013 年推出了最新的 Adobe Flash Professional CC。Adobe Flash Professional CC 完全放弃原有结构和代码，基于 Cocoa 从头开始开发原生 64 位架构应用，极为显著地提升了 Flash Professional 的性能，特别是在 Mac 上的性能，也为 Flash Professional 未来的发展奠定了基础。Flash Professional CC 内置了访问每一个未来版本的权限，而且它支持云同步设置，可以把我们的设置和快捷方式移植到多台计算机上。它可以把制作的内容导出为全高清（HD）视频和音频，即使是复杂的时间表或脚本驱动的动画也不丢帧。Flash Professional CC 更新的 CreateJS 工具包增强了 HTML5 支持，变得更有创意，增加了包括按钮、热区和运动曲线等的新功能。

2. Flash CC 中导入资源和元件的应用

1）插图与视频

Flash CC 能够识别多种矢量和位图格式，使用时，可以将插图导入到当前 Flash 文档的舞台或库中，从而将其放置到 Flash 中，也可以通过将位图粘贴到当前文档的舞台中来导入它们。所有直接导入到 Flash 文档中的位图都会自动添加到该文档的库中。

常见的视频格式包括以下几种。

（1）AVI 格式：是由微软公司从 Windows 3.1 时代开始发布的音频、视频交错格式，其优点是兼容好，调用方便，位图质量好，缺点是体积过于庞大。

（2）MPG/MPEG 格式：主要包括了 MPEG 1、MPEG 2 和 MPEG 4 在内的多种视频格式。

（3）MOV 格式：是 Apple 公司针对专业视频编辑、网站创建和附盘媒体内容的制作等开发的流媒体格式，它能够在 Mac 和 Windows(MOV)两个平台上得到同样的支持。

（4）ASF 格式：高级流格式（Advanced Streaming Format）。由于它使用了 MPEG 4 的压缩算法，所以压缩率和图像的质量都不错。因为 ASF 格式是以一个可以在网上即时观赏的视频"流"格式存在的，所以它的图像质量比 VCD 差一点，但比 RAM 视频"流"格式要好。

（5）WMV 格式：是一种独立编码方式的在网上实时传播多媒体的技术标准。其主要优点包括本地或网络回放，可扩充的媒体类型，部件下载，可伸缩的媒体类型，流的优先级化，多语言支持，环境独立性及扩展性等。

2）元件与实例

元件是指创建一次即可以多次重复使用的矢量图形、按钮、字体、组件或影片剪辑。想成为一位成熟的 Flash 软件用户，一定要学会熟练创建和应用元件。当创建一个元件时，该元件会存储在文件的库中。

常见的元件类型有以下 3 种。

（1）图形元件：对于静态位图可以使用图形元件，并可以创建几个连接到主影片时间轴上的可重用动画片段。图形元件与影片的时间轴同步运行。

（2）按钮元件：使用按钮元件可以在影片中创建响应鼠标单击、滑过或其他动作的交互式按钮，其中包括"弹起""指针经过""按下"和"单击"按钮。

（3）影片剪辑元件：使用影片剪辑元件可以创建可重用的动画片段。影片剪辑拥有它们自己的独立于主影片的时间轴播放的多帧时间轴，既可以将影片剪辑看作主影片内的小影片，也可以将影片剪辑实例放在按钮元件的时间轴内，以创建动画按钮。

3）滤镜及应用

使用滤镜，可以为文本、按钮和影片剪辑增添丰富的视觉效果，投影、模糊、发光和斜角都是常用的滤镜效果。Flash CC 还可以使用补间动画让应用的滤镜活动起来。应用滤镜后，可以随时改变其选项，或者重新调整滤镜顺序以试验组合效果。滤镜面板如图 9.35 所示。

图 9.35　滤镜面板

单击图 9.35 中的按钮，弹出下拉菜单，其中包括各种滤镜，主要有以下几种。

（1）"投影"。投影滤镜可以模拟对象向一个表面投影的效果，或者在背景中剪出一个形似对象的洞，来模拟对象的外观。投影滤镜主要包括选项如下。

● 模糊：可以指定投影的模糊程度，可分别对 X 轴和 Y 轴两个方向设定，取值范围为 0～100。如果单击其后的锁定按钮，可以解除 X、Y 方向的比例锁定，再次单击可以锁定比例。

● 强度：设定投影的强烈程度，取值范围为 0～1000％，数值越大，投影的显示效果就越清晰强烈。

● 品质：设定投影的品质，可以选择"高""中""低"3 项参数，品质越高，投影越清晰。

● 颜色：设定投影的颜色，单击"颜色"按钮，可以打开调色板选择颜色。

● 角度：设定投影的角度，取值范围为 0～360°。

● 距离：设定投影的距离，取值范围为 −32～32。

● 挖空：在投影作为背景的基础上挖空对象的显示。

● 内阴影：设置阴影的生成方向指向对象内侧。

● 隐藏对象：只显示投影而不显示原来的对象。

（2）"模糊"。模糊滤镜可以柔化对象的边缘和细节。模糊滤镜的参数比较少，主要包括模糊程度和品质。两项参数作用如下。

● 模糊：可以指定投影的模糊程度，设置方法同"投影"。

● 品质：设定模糊的品质高低。

（3）"发光"。发光滤镜参数设置面板和"模糊"滤镜参数设置面板中的各选项基本一致。

（4）"渐变斜角"。渐变斜角滤镜就是为对象应用加亮效果，使其看起来凸出于背景表面。可以创建内斜角、外斜角或者完全斜角。

（5）"渐变发光"。渐变发光滤镜可以在发光表面产生带渐变颜色的发光效果。渐变发光要求选择一种颜色作为渐变开始的颜色，该颜色的 Alpha 值为 0，且无法移动其位置，但可以改变该颜色。

渐变发光滤镜面板中各选项作用如下。

● 模糊：可以设置渐变发光的模糊程度，可分别对 X 轴和 Y 轴两个方向设定，取值范围为 0～100。如果单击其后的锁定按钮，可以解除 X、Y 方向的比例锁定，再次单击可以锁定比例。

● 强度：设定渐变发光的强烈程度，取值范围为 0～1000％，数值越大，渐变发光的显示越清晰强烈。

● 品质：设定渐变发光的品质高低，可以选择"高""中""低"3 项参数，品质越高，发光越清晰。

- 挖空：将渐变发光效果作为背景,然后挖空对象的显示。
- 角度：设置渐变发光的角度,取值范围为 0~360°。
- 距离：设置渐变发光的距离大小,取值范围为 −32~32。
- 类型：设置渐变发光的应用位置,可以是"内侧""外侧"或"整个"。
- 渐变：用于控制渐变颜色,默认情况下为白色到黑色的渐变。

（6）"斜角"。斜角滤镜参数设置面板和"模糊"滤镜基本一致,专用选项作用如下。

- 加亮：设置斜角的高光加亮颜色,可以在调色板中选择颜色。
- 类型：设置斜角的应用位置,可以是"内侧""外侧"和"整个",如果选择"整个"类型,则在内侧和外侧同时应用斜角效果。

（7）"渐变斜角"。渐变斜角滤镜可以产生一种凸起效果,使对象看起来好像从背景上凸出来,且斜角表面有渐变颜色。

（8）"调整颜色"。调整颜色滤镜可以调整所选影片剪辑、按钮或者文本对象的亮度、对比度、色相及饱和度。

调整颜色滤镜面板中各选项作用如下。

- 亮度：调整对象的亮度。向左拖动滑块可以降低对象的亮度,向右拖动滑块可以增强对象的亮度,取值范围为 −100~100。
- 对比度：调整对象的对比度,取值范围为 −100~100,向左拖动滑块可以降低对象的对比度,向右拖动可以增强对象的对比度。
- 饱和度：设定色彩的饱和程度,取值范围为 −100~100,向左拖动滑块可以降低对象中包含颜色的浓度,向右拖动可以增加对象中包含颜色的浓度。
- 色相：调整对象中各个颜色色相的浓度,取值范围为 −180~180。

3. Flash CC 中动作脚本简介

选择"窗口"→"动作"命令,打开动作面板,如图 9.36 所示。动作脚本程序就在这里编辑。

图 9.36　动作面板

　　ActionScript 程序一般由语句、函数和变量组成,主要涉及变量、函数、数据类型、表达式和运算符等,它们是 ActionScript 的基石。ActionScript 程序可以由单一动作语句组成,如指示动画停止播放的操作;也可以由一系列动作语句组成,如先计算条件,再执行动作。

　　ActionScript 是一种面向对象的编程语言。对象是 ActionScript 3.0 语言的核心,程序所声明的每个变量,编写的每个函数以及创建的每个实例都是一个对象。

　　在 ActionScript 面向对象的编程中,任何对象都可以包含以下 3 种类型的特性。

　　(1) 属性:表示与对象绑定在一起的若干数据项的值,如矩形的长、宽和颜色。

　　(2) 方法:可以由对象执行的操作,如动画播放、停止或跳转等。

　　(3) 事件:由用户或系统内部引发的,可被 ActionScript 识别并响应的事情,如鼠标单击、用户输入、定时时间到等事件。

　　语句、函数和变量共同用于管理程序使用的数据块,并用于确定执行哪些动作以及动作的执行顺序。ActionScript 为响应特定事件而执行某些动作的过程称为"事件处理"。在编写执行事件处理代码时,Flash 需要识别以下 3 个重要元素。

　　(1) 事件源:发生该事件的是哪个对象。

　　(2) 事件:将要发生什么事情,以及程序希望响应什么事情。

　　(3) 响应:当事件发生时,程序希望执行哪些步骤。

　　无论何时编写处理事件的 ActionScript 代码,都会包括这 3 个元素,并且代码将遵循以下基本结构。

```
function eventResponse(eventObject：EventType)：void
{
   //此处是为响应事件而执行的动作
}

eventSource.addEventListener(EventType.EVENT_NAME, eventResponse);
```

　　此代码执行两个操作。首先,定义一个函数,指定为响应事件而要执行的动作的方法。接下来,调用源对象的 addEventListener() 方法,实际上就是为指定事件"订阅"该函数,以便当该事件发生时,执行该函数的动作。

　　一旦编写了事件处理函数,就需要通知事件源对象(发生事件的对象,如按钮)程序希望在该事件发生时调用函数。可通过调用该对象的 addEventListener() 方法来实现此目的(所有具有事件的对象都同时具有 addEventListener() 方法)。

　　addEventListener() 方法有以下两个参数。

　　● 第一个参数是希望响应的特定事件的名称。同样,每个事件都与一个特定类关联,而该类将为每个事件预定义一个特殊值,类似于事件自己的唯一名称(应将其用于第一个参数)。

　　● 第二个参数是事件响应函数的名称。请注意,如果将函数名称作为参数进行传递,则在写入函数名称时不使用括号。

　　另外,还有变量、运算符和函数的使用等,相关内容请读者参考有关书籍。

📝**小结**

本单元主要介绍了 Adobe Flash CC 中资源和元件的应用,学习了 Adobe Flash CC 中滤镜的相关知识,重点讲述了转动动画、引导动画的设置和使用方法,并通过两个实际动画处理任务,学习了钢笔工具、任意变形工具、封套工具等工具的使用,最后完成了两个实际的动画制作任务。

习 题

一、填空题

1. Adobe Flash CC 中变形面板可以设置_____、_____、_____、_____等主要参数。

2. 选择钢笔工具在非锚点处_____可以添加锚点,按住_____键拖动锚点可以移动锚点,按住 Ctrl 键单击锚点后按_____键可以删除锚点。

二、选择题

1. 变形面板中可以设置的参数有_____。

A. 宽度、高度、位置　　　　　　　　B. 高度、旋转角度、形状

C. 宽度、倾斜角度、形状　　　　　　D. 宽度、高度、旋转角度、倾斜角度

2. 使用钢笔工具绘制路径时,结束绘制的操作是_____。

A. 双击最后一个点　　　　　　　　　B. 按 Enter 键

C. 双击内部锚点　　　　　　　　　　D. 按 Space 键

三、判断题

1. Adobe Flash CC 的对齐面板只能设置对齐方式。　　　　　　　　　（　　）

2. 补间动画设置中,缓动值只能使动画由慢到快。　　　　　　　　　（　　）

四、简答题

元件的中心位置与运动引导动画有什么关系?

五、操作题

请根据学习、生活实际,自行设计制作一个综合动画作品。

影片剪辑动画设计

知识教学目标
- 掌握 Flash CC 中元件的概念；
- 掌握 Flash CC 中元件的分类；
- 掌握 Flash CC 中库的概念。

技能培养目标
- 能利用 Flash CC 制作影片剪辑类动画；
- 能在 Flash CC 中制作复杂图形；
- 能在 Flash CC 中使用应用变形进行图像处理。

任务 10.1　星光闪闪

任务描述

本任务主要使用绘图工具并使用旋转和颜色的变化制作一个星光闪闪的图像效果，效果的一个画面如图 10.1 所示。

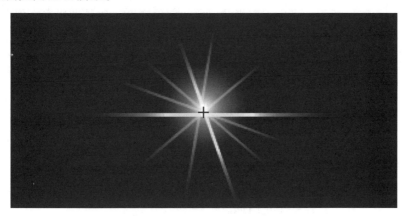

图 10.1　效果画面

知识准备 ⊙

1. 图形元件

图形元件可用于静态图像并可用来创建连接到主时间轴的可重用动画片段。图形元件与主时间轴同步运行。交互式控件和声音在图形元件的动画序列中不起作用。

2. 按钮元件

按钮元件可以创建响应鼠标单击、滑过或其他动作的交互式按钮;可以定义与各种按钮状态关联的图形,然后将动作指定给按钮实例。

3. 影片剪辑元件

影片剪辑元件可以创建可重用的动画片段。影片剪辑拥有它们自己的独立于主时间轴的多帧时间轴。可以将影片剪辑看成是主时间轴内的嵌套时间轴,它们可以包含交互式控件、声音甚至其他影片剪辑实例。也可以将影片剪辑实例放在按钮元件的时间轴内,以创建动画按钮。

影片剪辑元件
使用视频

4. 库面板

库面板用于存储和组织在 Flash 中所创建的图标以及导入的声音文件。其中,图标由图片、按钮、电影片段构成。库面板也包括在文件夹中存储的库存项目列表,从中可以看出电影中的一个图标使用的频度,并且可以将其按照类型排序。

库面板的主要操作都在单击右上角的按钮后打开的弹出菜单中。库面板的相关操作包括以下内容。

(1) 显示库面板:在主菜单中选择"窗口"→"库",可以显示或者隐藏库面板。

(2) 在库面板中查看项目:库面板中的每个 Flash 文件包括元件、位图和声音文件。当用户在库面板中选择项目时,该项目的内容就出现在窗口上部的预览界面中。如果选定的项目是动画或是声音文件,也可以应用控制器进行预览的控制。库面板的纵栏依次是列表项的名字、类型、在动画文件中使用的次数、链接和上一次修改的时间。可以在库面板中按任何项目排序。单击纵栏项目头,按照字母顺序等进行排列,也可以单击右上角的三角形按钮使项目按某一列的逆向排序。

(3) 使用库面板中的文件夹:单击下部的"新建文件夹"按钮,可以加入一个新的文件夹。当创建新元件时,新元件将出现在当前选定的文件夹里。如果没选定文件夹,它将出现在库面板的最下边,可以把它从某个文件夹拖到另一个文件夹中。

任务实施 ⊙

任务流程:新建文档→新建元件→绘制图形→变形设置→保存结果→导出文件。

(1) 启动 Flash CC,新建 Flash 文件(ActionScript 3.0)。

(2) 设置文档属性。在"文档"属性面板中设置背景颜色为黑色,宽和高分别设置为 800 像素和 600 像素,如图 10.2 所示,单击"确定"按钮。

(3) 制作一个球体。新建一个元件,取名为"光球",行为为"图形",然后在工具箱里选取"椭圆工具",在工作区绘制一个正圆形。

(4) 设置颜色效果。选择"窗口"→"颜色"命令,打开颜色面板,选择渐变色中的径向渐变,再设置两个滑块的渐变色。其中第一个滑块颜色选取成白色,Alpha 值设置为 100%,表示不透明,最好不要放在最左边,否则中间的白点就太小;第二个滑块为浅黄色,Alpha 值设置成 0,即为全透明。这样设置以后,将会达到很好的视觉效果,如图 10.3 所示。

图 10.2 　文档属性设置

图 10.3 　渐变设置

(5) 用渐变色填充图形,得到如图 10.4 所示的图形,小球有了放射式的效果。

(6) 制作光线 1。首先设置第一种光线色彩效果,选择"矩形工具",并在"混色器"面板中选择渐变色中的线性渐变,再设置 4 个滑块的渐变色。其中两头的滑块颜色选取成黄色,但 Alpha 值设置为 0,即全透明的黄色;中间滑块的颜色也选取成黄色的,但 Alpha 值设置为 80%,部分透明,如图 10.5 所示。

图 10.4 　绘制小球

图 10.5 　光线 1 渐变设置

(7) 新建一个元件,取名为"光线 1",选择"矩形工具",在黑色背景的电影上任意画一个区域,矩形框高度大概为 1 像素左右,此时会有光线的效果,如图 10.6 所示。

(8) 制作光线 2。首先设置第二种光线色彩效果。按照第(6)步,设置 4 个滑块的渐变色,其中在两边的滑块颜色设为粉红色,Alpha 值为 0,中间滑块的颜色设为白色,Alpha 值为 100%,如图 10.7 所示。

（9）按照第（7）步的制作方法，制作一个元件，并命名为"光线 2"。准备工作到现在已经完成了，接下来要应用做好的元件，制作另外一个星星的元件。

图 10.6　光线 1

图 10.7　光线 2 渐变设置

（10）新建一个元件，设为"影片剪辑"，并命名为"星星"，直接按 Ctrl＋L 组合键调出元件库，将"光线 1"拖入，按 Ctrl＋Alt＋S 组合键，弹出对话框，调整它的大小和旋转角度，设旋转角度为 20°，如图 10.8 所示。

（11）再拖入一条"光线 1"，与前一条光线的中心重合，按照同样的方法，旋转角度 40°，大小设为不同于前光线。同理再拖入三条"光线 1"，分别旋转 40°、50°和 80°不等，角度、大小均有所变化，如图 10.9 所示。

图 10.8　旋转角度为 20°

图 10.9　角度、大小均有变化

（12）新建一图层，在新图层中拖入"光线 2"，一条旋转 90°，一条不旋转，并把它们的大小设为比"光线 1"大，这样才能重点突出它们，注意中心与前面的光线一致，如图 10.10 所示。

图 10.10　光线 1 与光线 2 合成

（13）再新建一图层，将"光球"拖入，调整大小和位置。这样星星的整体形状就做出来了，如图 10.11 所示。

图 10.11　星星的效果

（14）选择"文件"→"保存"命令，保存文件。

任务 **10.2**　群星璀璨

任务描述 ∞

本任务主要利用任务 10.1 所绘制的"星星"制作一个群星璀璨的动画效果，效果的一个画面如图 10.12 所示。

图 10.12　最终动画效果

知识准备 ◎

帧就是影像动画中最小单位的单幅影像画面,相当于电影胶片上的每一格镜头。

下面介绍 Flash 中的几种帧。

1. 普通帧

(1) 位置:往往跟在一个关键帧之后。

(2) 作用:起到延长关键帧的播放时间的效果。普通帧里的对象是静态的。

(3) 插入方法:单击关键帧之后的帧,在不松开鼠标左键的前提下,向后拉。这一步是设置想插入普通帧的区域。松开鼠标左键,右击,在快捷菜单中选择"插入帧"命令。

(4) 要想让一个画面保持一段时间而不是一闪即逝,就采用普通帧。插入的普通帧越多,在主时间轴上占用的时间越长,播放的时间也越长。

2. 关键帧

(1) 作用:关键帧是制作动画的基本元素。任何一段动画,都是在两个关键帧之间进行的。

(2) 插入方法:构思好希望插入关键帧的位置,右击,在弹出的下拉菜单中选择"插入关键帧"命令。

(3) 应用:插入关键帧,目的就是创建动画。要想在两个关键帧之间创建动画,可以在两个关键帧中间的任意一帧上右击,在弹出的下拉菜单中选择"创建补间动画"命令,这时创建的是动作类的动画。如果想创建"移动补间动画"即"变形动画",必须在帧属性面板中的"补间"选项中单击向下的箭头,在弹出的类型中选择"移动"。

3. 空白关键帧

(1) 作用:与"关键帧"刚好相反。通过空白关键帧,可以结束前面的关键帧,以便重打锣鼓另开张,为创建下一段新的动画打基础。

(2) 插入方法:构思好希望插入空白关键帧的位置,右击,在弹出的下拉菜单中选择"插入空白关键帧"命令。

(3) 应用:空白关键帧是一张白纸,需要画上新的图形或插入新的元件实例才能发光。当在它上面创建了一些对象之后,其实它又变成"关键帧"了,又可以创建新的动画了。

4. 过渡帧

在两个关键帧之间,计算机自动完成过渡画面的帧叫作过渡帧。

普通帧和关键帧的区别在于普通帧主要用于延续效果,而关键帧则是构成动画的基本单元,没有关键帧就不能制作动画;空白关键帧和关键帧的区别是关键帧中有对象而空白关键帧中没有,需添加上去。

两个关键帧的中间可以没有过渡帧(如逐帧动画),但过渡帧前后肯定有关键帧,因为过渡帧附属于关键帧;关键帧可以修改该帧的内容,但过渡帧无法修改该帧内容。关键帧中可以包含形状、剪辑、组等多种类型的元素或诸多元素,但过渡帧中对象只能是剪辑(影片剪辑、图形剪辑、按钮)或独立形状。

任务实施 🔍

任务流程：新建文档→新建元件→绘制图形→动画设置→保存结果→导出文件。

（1）打开任务 10.1 制作的文件。

（2）选择"插入"→"创建新元件"命令新建一个影片剪辑，命名为"运动的星星"，按 Ctrl+L 组合键调出元件库，把刚才做好的星星拖放到工作区中心，注意和十字重合，如图 10.13 所示。

图 10.13   星星元件

（3）选取这个星星，运用工具箱中的"任意变形工具"把这个星星放大，然后在第 20 帧按 F5 键，插入一个普通帧，并且锁住这个层。

（4）再新建一个图层，从元件库中拖入一个星星，放在刚做好的那个大星星的中心，再在第 20 帧按 F6 键插入一个关键帧。

（5）把第 20 帧的那个星星拖到大星星的一个角上，再把这个星星的透明度设为 40%，返回第 1 帧设为"运动渐变"动作，如图 10.14 所示。

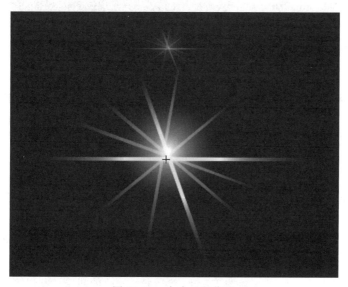

图 10.14   大小星星位置

（6）再新建一个图层，把第二层第 1 帧的星星复制到第三层的第 1 帧，这样做是为了使星星能重合，按照第二层的做法把它设为运动渐变，这次要把第 20 帧的星星放到大星星的另一个角上，依次做好几个层的运动星星，如图 10.15 所示。

图 10.15　多个星星位置

（7）把那个大星星层连同星星一起删除，因为它只是用来起辅助作用的。

（8）选择"插入"→"新建新元件"命令再新建一个影片剪辑，命名为"运动"，现在是设计流星的运动路径。选择"椭圆工具"，在元件中画一个椭圆。也可以根据目的的不同画出不同的运动路径。在第 100 帧按 F5 键插入一个帧，然后锁定这个层，如图 10.16 所示。

图 10.16　画一个"椭圆"

（9）新建一个图层，把刚才做好的那个"运动的星星"元件拖到第 1 帧，中心点对好运动路径的开头，再在第 20 帧按 F7 键（插入空白关键帧），这样"运动的星星"做完了 20 帧的运动后就会停下来，如图 10.17 所示。

（10）新建一个图层，在第 2 帧按 F7 键，然后把"运动的星星"拖到第 2 帧，这颗星一定要放到第一颗星的后面，中心点对好运动路径，再在第 21 帧按 F7 键，如图 10.18 所示。

（11）新建一个图层，在第 3 帧按 F7 键，然后把"运动的星星"拖到第 3 帧，这个星星放在第二个星星的后面，中心也要对好运动路径，然后在第 22 帧按 F7 键。依照这样的方法把星星依次排在你设定的运动路径上，如图 10.19 所示。

图 10.17　一颗运动的"星星"

图 10.18　两颗运动的"星星"

图 10.19　"运动"元件

　　（12）返回场景，把"运动"的影片剪辑拖放到绘制的背景图上，按 Ctrl＋Enter 组合键观赏动画，如图 10.12 所示，有了群星璀璨的艺术效果。

✏️ **小结**

　　本单元主要介绍了 Adobe Flash CC 中变形工具和元件的应用,学习了 Adobe Flash CC 中影片剪辑的相关知识,重点讲述了变形操作、影片剪辑元件的设置和使用方法,并通过两个实际动画处理任务,学习了矩形工具、任意变形工具等工具的使用,最后完成了两个实际的动画制作任务。

习　题

一、填空题

1. Flash 动画制作完成后,生成影片的方法有两种:一种是_____;另一种是_____。

2. 为了保证影片在网上能够流畅地播出,应该尽量把动画中用到的图片等元素转换成_____,尽量多用_____,少用_____。

二、选择题

1. Flash 中提供了四种声音播放的方式,选择_____的方式以后,不受时间轴的影响,声音会一直播放完。

A. 事件　　　　　　　B. 开始　　　　　　　C. 停止　　　　　　　D. 流型

2. Flash 可以导入很多种不同格式的声音文件,但_____声音文件在 Flash 当中不能导入。

A. MP3　　　　　B. WAV　　　　　C. rm　　　　　D. Affi

三、判断题

1. Flash 原始工作文件格式是 *.fla。　　　　　　　　　　　　　　　　　　　(　　)

2. Flash 里的每个场景都拥有自己单独的舞台和时间轴,把一个动画分成几个不同的场景,可以避免时间轴拉得过长,但不方便影片的管理。　　　　　　　　　　　(　　)

四、简答题

制作星光闪烁实例最基本的步骤有哪些?

五、操作题

请根据学习、生活实际,自行设计制作一个节日礼花动画作品。

肢体动作类动画设计

知识教学目标
- 掌握 Flash CC 中元件中心点的概念；
- 掌握 Flash CC 中动作动画的原理；
- 掌握 Flash CC 中播放与测试的区别。

技能培养目标
- 能利用 Flash CC 制作动作类动画；
- 能在 Flash CC 中制作和使用影片剪辑动画；
- 能在 Flash CC 中正确使用播放与测试功能。

任务 11.1 海底世界

任务描述 🔍

本任务要求完成制作一群鱼在海底畅游的动画，并且使鱼在游动时鱼的嘴、身体、胸鳍、背鳍、腹鳍等肢体随鱼的游动不断变化。动画效果的其中两个画面如图 11.1 所示。注意鱼在不同时刻肢体的不同变化。

图 11.1 动画效果的两个画面

知识准备 ◎

图形元件与影片剪辑元件的区别

图形元件和影片剪辑元件都是在 Flash 中创建且保存在库中的元素,两者都可以在影片或其他影片中重复使用,是 Flash 动画中最基本、最常用的元素。

图形元件——是可以重复使用的静态图像,可以连接到主影片时间轴上重复播放。图形元件与影片的时间轴同步运行。

影片剪辑元件——可以想象成电影中的小电影,它可以完全独立于主场景时间轴并且可以重复播放。

两种元件的相同点是都可以重复使用,且当需要对重复使用的元素进行修改时,只需编辑元件,而不必对所有该元件的实例一一进行修改,Flash 会根据修改的内容对所有该元件的实例进行更新。影片剪辑中可以嵌套另一个影片剪辑,图形元件中也可以嵌套另一个图形元件,两种元件还可以相互嵌套。

影片剪辑元件和图形元件最主要的差别在于:

(1)影片剪辑元件的实例上可以加入动作语句,图形元件的实例上则不能。

(2)影片剪辑里的关键帧上可以加入动作语句,图形元件则不能。

(3)影片剪辑元件中可以加入声音,图形元件则不能。

(4)影片剪辑元件的播放不受场景时间轴长度的制约,它有元件自身独立的时间轴;而图形元件是没有独立时间轴的,图形元件的播放完全受制于场景时间轴。

(5)影片剪辑元件在场景中按 Enter 键测试时看不到实际播放效果,只能在各自的编辑环境中观看效果,而图形元件在场景中即可实时观看,可以实现所见即所得的效果。

(6)两种元件在舞台上的实例都可以在属性面板中相互改变其行为,也可以相互交换实例。

任务实施 ◎

任务流程:新建文档→设计动作→制作动作元件→动画设计→保存结果→导出文件。

(1)启动 Flash CC,新建 Flash 文件(ActionScript 3.0),创建一个新电影。

(2)设置文档属性。在"文档"属性面板中设置背景颜色为白色,宽和高分别设置为 550像素和 400 像素,如图 11.2 所示。

(3)创建新元件。选择"插入"→"新建元件"命令,在弹出的"元件属性"对话框中,选择元件类型为"影片剪辑",输入元件名称为"身体",如图 11.3 所示,单击"确定"按钮。

图 11.2　文档属性设置

图 11.3　创建"身体"元件

（4）选择"椭圆工具""钢笔工具"等，在元件编辑区绘制一个鱼的图形，如图 11.4 所示。

（5）创建新元件。选择"插入"→"新建元件"命令，在弹出的"创建新元件"对话框中，选择元件类型为"影片剪辑"，输入元件名称为"张嘴鱼"，在元件编辑区绘制一个张嘴鱼的图形，如图 11.5 所示。

图 11.4　绘制鱼的图形

图 11.5　绘制张嘴鱼的图形

（6）新建一个影片剪辑，命名为"背鳍"，在元件编辑区绘制一个背鳍，注意要让中心点对准背鳍图形的角部，如图 11.6 所示。

（7）新建一个影片剪辑，命名为"变形背鳍"，在元件编辑区绘制一个变形背鳍，注意要让中心点对准变形背鳍图形的角部，如图 11.7 所示。

图 11.6　绘制背鳍的图形

图 11.7　绘制变形背鳍的图形

（8）新建一个影片剪辑，命名为"胸鳍"，在元件编辑区绘制一个胸鳍，注意要让中心点对准胸鳍图形的中部，如图 11.8 所示。

（9）新建一个影片剪辑，命名为"变形胸鳍"，在元件编辑区绘制一个变形胸鳍，如图 11.9 所示。

图 11.8　绘制胸鳍的图形

图 11.9　绘制变形胸鳍的图形

（10）新建一个影片剪辑，命名为"腹鳍"，在元件编辑区绘制一个腹鳍，注意要让中心点对准腹鳍图形的中部，如图 11.10 所示。

（11）新建一个影片剪辑，命名为"变形腹鳍"，在元件编辑区绘制一个变形腹鳍，如图11.11 所示。

图 11.10　绘制腹鳍的图形

图 11.11　绘制变形腹鳍的图形

（12）在元件库中双击"身体"元件图标，打开"身体"元件。在第 4 帧插入关键帧，将"张嘴鱼"元件拖入第 4 帧，在第 6 帧插入帧，使"张嘴鱼"延长到第 6 帧，如图 11.12 所示。

（13）在元件库中双击"胸鳍"元件图标，打开"胸鳍"元件。在第 4 帧插入关键帧，将"变形胸鳍"元件拖入第 4 帧，在第 6 帧插入帧，使"变形胸鳍"延长到第 6 帧。

（14）在元件库中双击"腹鳍"元件图标，打开"腹鳍"元件。在第 4 帧插入关键帧，将"变形腹鳍"元件拖入第 4 帧，在第 6 帧插入帧，使"变形腹鳍"延长到第 6 帧。

（15）在元件库中双击"背鳍"元件图标，打开"背鳍"元件。在第 4 帧插入关键帧，将"变形背鳍"元件拖入第 4 帧，在第 6 帧插入帧，使"变形背鳍"延长到第 6 帧。

（16）新建一个影片剪辑，命名为"动画鱼"，在时间轴建立四个图层，分别命名为"身体""胸鳍""背鳍"和"腹鳍"，然后从元件库中将鱼的元件拖拽到元件编辑区，分别对应放在四个图层上，最后组合成完整的鱼图形如图 11.13 所示。

图 11.12　将"张嘴鱼"拖入到第 4 帧

图 11.13　"动画鱼"元件

（17）回到主场景中，将图层命名为"背景"，选择"文件"→"导入"→"导入到舞台"，将一张海底图片导入到图层 1 中，如图 11.14 所示。

图 11.14　导入海底图片

（18）新建一个图层，回到主场景中，将图层命名为"动画鱼"，从元件库中将"动画鱼"元件拖拽到场景右边，如图 11.15 所示。

图 11.15　将"动画鱼"元件拖拽到场景右边

（19）在"动画鱼"图层的第 80 帧插入一个关键帧,从元件库中将"动画鱼"的元件拖拽到场景左边,并变形处理。选择第 1 帧,右击,在弹出的快捷菜单中选择"创建传统补间"命令,创建动画。

（20）再新建三个图层,分别命名为图层 1、图层 2 和图层 3。

（21）选择图层 1,将"动画鱼"元件拖入第 1 帧,放到场景右边,在图层 1 的第 80 帧插入一个关键帧,从元件库中将"动画鱼"的元件拖拽到场景左边,并变形处理。选择第 1 帧,右击,在弹出的快捷菜单中选择"创建传统补间"命令,创建动画。

（22）选择图层 2,将"动画鱼"元件拖入第 10 帧,放到场景右边,在图层 2 的第 80 帧插入一个关键帧,从元件库中将"动画鱼"元件拖拽到场景左边,并变形处理。选择第 10 帧,右击,在弹出的快捷菜单中选择"创建传统补间"命令,创建动画。图层 3 也做相似处理。最后结果如图 11.16 所示。如果你喜欢,还可以增加更多的图层。

图 11.16　图层及动画设计

（23）保存文件,按 Ctrl＋Enter 键,测试结果并导出文件。

任务 11.2　健身运动

任务描述 ⊙⊙

本任务要制作一个运动健身的动画效果,动画效果的一个画面如图 11.17 所示。

图 11.17　效果画面

知识准备 ⊙⊙

图层及图层之间的相互关系

由于图层的不透明区域能够覆盖其下面的图层内容,所以在动画的编辑过程中,经常需要排列或隐藏某一图层的内容,以使各个图层都能够与显示的内容相互搭配。在一个具有多个图层的 Flash 动画中,各图层将会按照一定的顺序排列,形成图层堆栈。通过图层选单,用户可以对选单中的各个图层进行叠放顺序的修改,锁定不再编辑的图层或者隐藏已经制作完成的图层等操作。

1.图层的叠放顺序

由于制作的动画有可能在网络环境下运行,因此在图层中放置图形对象时要考虑到动画的下载时间和性能。如果要制作的动画比较简单,移动的图形对象较少或较小,就不必考虑将移动的图形对象和静止的图形对象分开放置在不同的图层内。如果要制作的动画比较复杂,运动的图形对象较多而且很大,就必须考虑将移动的图形对象和静止的图形对象分开置于不同的图层来提高动画性能。因为将移动对象和静止对象分开的话,整个动画过程只有一个对象在运动,那么就只有这个对象需要重画;而如果不将静止对象和移动对象分开置于不同的图层,那么在整个动画过程中,不但移动的图形对象需要重画,而且还要将静止的图形对象重画,这将大大延长动画的下载时间并降低动画的性能。因此在设计动画时,最好将静止图形对象和移动图形对象置于不同的图层。

图层的叠放顺序决定了图层中图形对象的叠放顺序。排在时间轴最上方图层中的图形对象,会蒙版从这个图层以下的所有图层的图形对象;而位于最下方图层中的图形对象,会被上方图层中的图形对象蒙版。要改变图层的叠放顺序,可以利用鼠标拖放的方式,直接上移或下移图层。按住鼠标左键不放,将选取的图层拖放到其他适当的位置然后松开鼠标,就可以发现图层的上下叠放顺序发生了改变。当然,也可以一次选取多个图层,实现多个图层顺序的同时改变。

2.图层的锁定

为了防止在编辑某一图层时影响到其他已经完成的图层或其他图层中的图形对象,可以将其他当前不是编辑状态的图层锁定。

(1) 对一个图层加锁:图层加锁的方法比较简单,单击图层窗口中某个图层锁定图标下的黑点,就可以看到黑点变成一个锁定图标,表示该图层已经锁定。

(2) 对所有图层加锁:如果想要对所有的图层加锁,可单击图层窗口上方的锁定图标,就可以看到所有的图层标签上都有一个锁定图标,表明所有图层都被锁定。

(3) 对一个图层解锁:如果需要对某一锁定的图层解锁,只需单击该图层的锁定图标,就可以看到锁定图标变成黑点,表明图层已经解锁。

(4) 对所有图层解锁:如果要对所有加锁的图层解锁,只需单击图层窗口的锁定图标,就可以看到所有图层的锁定图标变成黑点,表明所有图层都已经解锁。

(5) 利用快捷菜单对除当前操作图层的所有图层加锁:选取需要操作的图层,右击,在弹出的快捷菜单中选择"锁定其他图层"命令,可以发现除了当前图层之外,所有的图层都被锁定。

(6) 利用快捷菜单对所有图层解锁:选取任意图层作为当前操作图层,右击,在弹出的快捷菜单中选择"显示全部"命令,可以发现所有的图层都已解锁。

任务实施

任务流程:新建文档→动作设计→制作元件→动画设置→保存结果→导出文件。

(1) 启动 Flash CC,新建 Flash 文件(ActionScript 3.0),创建一个新电影。

(2) 设置文档属性,大小为 600 像素×800 像素,背景颜色设置为白色,如图 11.18 所示。

(3) 选择"插入"→"新建元件"命令,在"创建新元件"对话框中,将元件命名为"head",选择类型为"图形"。

图 11.18　设置文档属性

（4）选择"铅笔工具" ，在属性面板中设定笔触为20，颜色为黑色，如图11.19所示。

图11.19　设置"铅笔工具"的属性

（5）设置完成后，在元件场景中画出"人体"图形，如图11.20所示。

（6）按Ctrl＋A键全选。然后右击，在弹出的快捷菜单中选择"分散到图层"命令，如图11.21所示。

图11.20　画出"人体"图形

图11.21　选择"分散到图层"

（7）在工具箱中单击"紧贴至对象" ，选择"选择工具" ，组合人物并进行造型的修改，以达到良好的比例。头部的大小可根据情况进行调节，最好在内部调节；"紧贴至对象"只需运用在腿和身体的连接点上，无须运用在手与身体的连接点，因为手和身体的连接点已经被头部覆盖。调整结果如图11.22所示。

（8）选择"插入"→"新建元件"命令，在"创建新元件"对话框中，将元件命名为"动作1"，选择类型为"图形"。将"head"元件拖入到"动作1"中，按Ctrl＋B键打散元件，将图形变形成如图11.23所示。

图 11.22　调整后的"身体"　　　　　图 11.23　"动作 1"元件

（9）用（8）的方法分别制作"动作 2"元件到"动作 7"元件,结果如图 11.24 所示。

图 11.24　"动作 2"元件到"动作 7"元件

（10）返回到主场景中,将图层命名为"背景",选择"文件"→"导入"→"导入到舞台"命令,将一张绿地图片导入到图层 1 中,如图 11.25 所示。

图 11.25　背景图片

逐帧动画制作
视频

（11）新建图层,命名为"动画"。选择第 1 帧,将"head"元件拖入场景;在第 3 帧右击,选择"插入帧"延长第 1 帧;选择第 4 帧,右击,选择"插入空白关键帧";选择第 5 帧,右击,选择"插入关键帧"将"动作 1"元件拖入场景;在第 7 帧右击,选择"插入帧"延长第 5 帧;选择第 8 帧,右击,选择"插入空白关键帧";选择第 9 帧,右击,选择"插入关键帧"将"动作 2"元件拖入场景;在第 11 帧右击,选择"插入帧"延长第 9 帧;选择第 12 帧,右击,选择"插入空白关键帧";选择第 13 帧,右击,选择"插入关键帧"将"动作 3"元件拖入场景;在第 15 帧右击,选择"插入帧"延长第 13 帧,选择第 16 帧,右击,选择"插入空白关键帧"。

(12) 选择第 17 帧,右击,选择"插入关键帧"将"动作 4"元件拖入场景;在第 19 帧右击,选择"插入帧"延长第 17 帧;选择第 20 帧,右击,选择"插入空白关键帧";选择第 21 帧,右击,选择"插入关键帧"将"动作 5"元件拖入场景;在第 23 帧右击,选择"插入帧"延长第 21 帧;选择第 24 帧,右击,选择"插入空白关键帧";选择第 25 帧,右击,选择"插入关键帧"将"动作 6"元件拖入场景;在第 27 帧右击,选择"插入帧"延长第 25 帧;选择第 28 帧,右击,选择"插入空白关键帧"。

(13) 选择第 29 帧,右击,选择"插入关键帧"将"动作 7"元件拖入场景;在第 31 帧右击,选择"插入帧"延长第 29 帧。

(14) 保存文件,按 Ctrl+Enter 键,测试结果并导出文件。

> ✏️ 小结
>
> 本单元主要介绍了 Adobe Flash CC 中播放与测试的区别,学习了 Adobe Flash CC 中影片剪辑动画的相关知识,重点讲述了肢体动画的设计和使用方法,并通过两个实际动画处理任务,学习了任意变形工具、紧贴至对象工具等工具的使用,最后完成了两个实际的动画制作任务。

习　题

一、填空题

1. Adobe Flash CC 动画中插入空白关键帧的快捷键是_____。

2. 在动画制作过程中,为了防止图层之间相互影响,经常需要_____,让图层____
____。

二、选择题

1. 测试影片的快捷键是_____。

A. Enter　　　　　B. Ctrl+Enter　　　　C. Ctrl+Shift　　　　D. Enter+Shift

2. 在 Flash 中,利用时间轴上的_____可以改变场景中对象的叠放顺序。

A. 关键帧　　　　　B. 场景　　　　　　C. 图层　　　　　　D. 工具栏

三、判断题

1. 在 Flash 中,不能有空白关键帧。　　　　　　　　　　　　　　　　　　（　　）

2. Flash 中的影片剪辑元件不可重复使用。　　　　　　　　　　　　　　　（　　）

四、简答题

图形元件和影片剪辑元件有什么区别?

五、操作题

请根据学习、生活实际,自行设计制作一个肢体动作类动画作品。

综合动画设计

知识教学目标

- 掌握 Flash CC 中元件注册点的概念;
- 掌握 Flash CC 中元件转动的原理;
- 掌握 Flash CC 中紧贴至对象的概念。

技能培养目标

- 能利用 Flash CC 制作部分变形物体;
- 能在 Flash CC 中用位图填充图形;
- 能在 Flash CC 中对图形进行等比例缩放。

任务 12.1 折扇设计与制作

任务描述 ∞

本任务将设计制作一个由竹片做骨架,能够折叠的国画扇面的折叠扇子的图形,为下一个任务做好准备。图形效果的一个画面如图 12.1 所示。

图 12.1 图形效果的一个画面

知识准备 🔍

1. Flash 注册点与中心点

在编辑状态下,当选中一个元件时,总会看到上面有两个标记,如图 12.2 所示。一个是十字,一个是圆圈。其中十字代表的是注册点,即对象自身的参考点,也就是元件编辑界面中的坐标原点(0,0);圆圈代表的是元件的中心点,元件的中心点在选中状态下可以移动,放弃选中则恢复到元件的几何中心。

当将场景中选定的对象转化为元件时,在元件转换窗口就有"对齐"选项,如图 12.3 所示,其中九个小方格都是可以选择的。如果选择左上角的小方格建立一个元件,这时会看到十字在元件左上角,圆圈在元件的中心,也就是说元件的注册点在左上角,如图 12.4 所示;如果选择右下角的小方格建立元件,则会看到十字在元件右下角,圆圈仍在元件的中心,如图 12.5 所示。选中的方格代表元件注册点的位置。

图 12.2　元件两个标记

图 12.3　"对齐"选项

图 12.4　注册点在左上角

图 12.5　注册点在右下角

2. Flash 中元件的定位

通过实验来测试 Flash 中元件的定位:首先在场景中画一个矩形,并且转化为元件。

(1) 打开信息面板,可以看到元件的信息面板上也有与"对齐"选项中相似的 4 个小方格,但只有注册点和中心的两个参数能够点选,如图 12.6 所示。而且元件的坐标(X,Y)在信息面板的值与属性面板的一致,无论元件的注册点选在哪里,当信息面板上选左上角的方格时,元件的坐标(X,Y)始终与鼠标在元件外边框左上角位置的坐标一致,即与元件最大外边框左上角的坐标一致,即使移动元件的位置,结果也是一致的,如图 12.7 所示。

图 12.6　信息面板　　　　　　　　　　图 12.7　信息面板与属性面板

（2）在场景中更改元件的坐标和缩放。当元件在拖入场景后，形成中心点，默认情况下按钮的中心点与注册点位置重合，元件和图形的中心点位于该元件的几何中心；元件的中心点可以通过"任意变形工具"进行改变，但注册点无法从外部改变；所有的旋转和缩放都是围绕着相应的中心点进行的；元件发生缩放时，是以中心点为基准进行的，因此，距中心点越远，元件缩放后在场景中的坐标值变化就越多；元件发生旋转后由水平线与垂直线构成的最大外框的左上角成为元件在场景中的新坐标。

3. Flash 中坐标的运算方式

（1）Flash 中的坐标系。场景中的坐标系可视为绝对参照系，它的坐标原点 O 在场景的左上角，水平向右为 X 轴的正向，垂直向下为 Y 轴的正向；元件中的坐标系可视为相对参照系，进入元件编辑环境中可以看到一个"＋"标志，这个"＋"标志为元件的原点，即该坐标系的原点 O'，在相对参照系中同样是水平向右为 X' 轴的正向，垂直向下为 Y' 轴的正向。

（2）Flash 中坐标的运算方式。Flash 中元件的位置关系可以分为两种：主场景中的元件和主场景中元件中嵌套的元件，这两者坐标的参照是有区别的。主场景中元件的（_X，_Y）属性点，是由元件的注册点决定的，即由十字的交点在场景中的坐标决定；信息面板中元件还有另一坐标（X，Y），而这个（X，Y）是由元件的坐标点决定的，即信息面板上方框中的小黑点，此点可看作是元件的坐标点，改变该点的位置，相应元件的坐标会发生改变。因为参照对象发生了变化：如果选取左上方的黑点，那么坐标的参照点为这个元件图形左边的垂直切线和上边的垂直切线的交点，即元件左上角的点；如果选取中间黑点，那么参照点为元件上的中心点。

任务实施 ∞

任务流程：新建文档→图形设计→制作元件→合成图形→保存结果→导出文件。

（1）启动 Flash CC，新建 Flash 文件（ActionScript 3.0），创建一个新电影。

（2）设置文档属性。在"文档"属性面板中设置背景颜色为白色，宽和高分别设置为 720 像素和 580 像素，如图 12.8 所示。

（3）创建新元件。选择"插入"→"新建元件"命令，在弹出的"元件属性"对话框中，选择元件类型为"图形"，输入元件名称为"竹片"，如图 12.9 所示，单击"确定"按钮。

图 12.8　文档属性设置　　　　　　　　图 12.9　创建"竹片"元件

（4）选择"矩形工具" ，属性设置宽为400，高为18，如图12.10所示。

（5）在属性面板中，单击"填充颜色"按钮 ，选择一种填充颜色，如图12.11所示。

图 12.10 设置"矩形工具"属性   图 12.11 填充"竹片"颜色

（6）选择"部分选取工具" ，框选图形右边部分，此时矩形右边两个变形点变成实心圆，左边两个变形点变成空心圆，如图12.12所示。

图 12.12 图形变形点

（7）分别选中左边上、下两个变形点，上下拖动鼠标，使矩形左边变宽，右边不变，如图12.13所示。"竹片"制作完毕。

图 12.13 图形左边变宽

（8）下面制作扇子的骨架。创建新元件：选择"插入"→"新元件"命令，在弹出的"创建新元件"对话框中，选择元件类型为"影片剪辑"，输入元件名称为"骨架"。

（9）将元件"竹片"拖入舞台，右击，选择"复制"命令，再右击，选择"粘贴到中心位置"命令，单击"紧贴至对象"，使用"选择工具"将复制的图形移动到与原图重合，选择"任意变形工具"，将中心点移动到图形的右边，如图12.14所示。

图 12.14 中心点移动到右边

（10）在菜单栏中选择"修改"→"变形"→"缩放和旋转"命令，在对话框中将旋转设置为15°，如图12.15所示。单击"确定"按钮，图形如图12.16所示。

（11）复制第 2 片"竹片"，采用第（10）步的方法，制作第 3 片"竹片"，依此类推制作其他"竹片"。删除第 1 片"竹片"。

图 12.15　旋转设置为 15°

图 12.16　旋转 15°后的图形

（12）选择"椭圆工具"，设置由白到黑的径向渐变，在"竹片"交叉处绘制一个小圆，作为"扇轴"，最后如图 12.17 所示。

（13）选择"椭圆工具"，属性设置"无填充"，画一个大圆、一个小圆，圆心都在"扇轴"上，如图 12.18 所示。

图 12.17　"骨架"图形

图 12.18　画两个同心圆

（14）选择"修改"→"组合"将两个圆组合起来。

（15）使用"钢笔工具"，画出扇面部分，并选择位图填充，导入位图，如图 12.19 所示。

（16）选择"颜料桶工具" ，单击画出扇面部分，填充位图，删除两个圆的其他部分，如图 12.20 所示。

图 12.19　导入位图

（17）调整图层关系，使第 1 个"竹片"处在扇面的下面，如图 12.21 所示。

（18）观察效果，调整图形，直到满意为止，保存文件。

图 12.20 填充扇面

图 12.21 调整第 1 个"竹片"

任务 12.2 折扇动画与制作

任务描述

本任务利用任务 12.1 制作的折扇，设计制作一个折扇翻转而入，打开扇面，再合上扇面，最后翻转而出的动画效果。动画效果的一个画面如图 12.22 所示。

图 12.22 效果画面

知识准备

Flash 中制作旋转动画

（1）新建元件。选择"插入"→"新建元件"命令，在弹出的"创建新元件"对话框中，选择元件类型为"图形"，输入元件名称为"竹片"。

（2）画一个长方形，返回场景。

（3）将元件拖入第 1 帧。

（4）选择"任意变形工具" ，将元件的中心点拖到图形的最右侧，如图 12.23 所示。

图 12.23　元件中心点

（5）在时间轴上选择第 30 帧，右击，选择"插入关键帧"命令。

（6）将鼠标指针移到图形的左上角，当指针变成环状时，向右上方拖动鼠标，此时图形将以中心点为圆心转动，如图 12.24 所示。

（7）在时间轴上选择第 1 帧，右击，选择"创建传统补间"命令。

（8）在菜单中选择"控制"→"播放"命令，观察结果，此时图形将以中心点为圆心转动起来。

（9）中心点也可以不放在图形之中，而放到任意一个地方，此时图形同样以中心点为圆心转动，如图 12.25 所示。

元件中心点使用教学视频

图 12.24　转动后的图形

图 12.25　中心点不在图形上

任务实施

任务流程：新建文档→分散元件→设计动画→设置遮罩→制作动画→保存结果→导出文件。

（1）启动 Flash CC，新建 Flash 文件（ActionScript 3.0），创建一个新电影。

（2）设置文档属性。在"文档"属性面板中设置背景颜色为白色，宽和高分别设置为 720 像素和 580 像素。

（3）打开"骨架"元件，按 Ctrl＋A 键全选，右击，在弹出的快捷菜单中选择"分散到图层"命令，如图 12.26 所示。

图 12.26　"分散到图层"命令

（4）分散后的图层列表如图 12.27 所示。

图 12.27　分散后的图层列表

（5）选择所有"竹片"的第 1 帧，使用"移动""变形""旋转"等方法将所有"竹片"移到起始处，与第 1 个"竹片"重合，并将每一个"竹片"的中心点拖放到"扇轴"上，如图 12.28 所示。这个过程可以选中"紧贴至对象" 以方便操作。

（6）在所有"竹片"图层的第 25 帧插入关键帧，将"竹片"转动打开，如图 12.29 所示。

图 12.28　与第 1 个"竹片"重合　　　　　图 12.29　打开"竹片"

（7）选择"扇面"的第 1 帧，将"扇面"转动到如图 12.30 所示位置。

（8）选择"扇面"的第 25 帧，插入关键帧，将"扇面"转动到如图 12.31 所示位置。

图 12.30　"扇面"第 1 帧　　　　　　　　图 12.31　"扇面"第 25 帧

（9）在所有"竹片"图层的第 50 帧插入关键帧,将"竹片"转动到与第 1 帧重合。

（10）选择"扇面"的第 50 帧,插入关键帧,将"扇面"转动到与第 1 帧重合。

（11）在所有图层的第 1 帧和第 25 帧右击,在弹出的快捷菜单中选择"创建传统补间"命令。

（12）此时,测试动画能够看到"竹片"和"扇面"已经能够转动了。时间轴和转动的一个画面如图 12.32 所示。

图 12.32　时间轴和转动的一个画面

（13）在"扇面"层之上插入一个图层,命名为"遮罩",使用"钢笔工具"在"扇面"上画一个同样的图形,正好把"扇面"遮住,如图 12.33 所示。

图 12.33　"遮罩"图形

（14）在"遮罩"层上右击,在弹出的快捷菜单中选择"遮罩层"命令,将"遮罩"层设置为"扇面"层的遮罩层。

（15）测试动画,"遮罩"以外的"扇面"将不再显示了。

（16）返回场景,在图层 1 的第 1 帧到第 15 帧制作一个"竹片"翻转飞入的动画。

（17）新建图层 2,在图层 2 的第 15 帧插入关键帧,将"骨架"元件拖入,与图层动画的第 15 帧重合。

（18）在图层 2 的第 65 帧插入帧,延长第 15 帧。

（19）新建图层 3,在图层 3 的第 65 帧到第 80 帧制作一个"竹片"翻转飞出的动画。

（20）按 Ctrl＋Enter 键,测试动画,观察结果,调试修改,直到满意为止,保存文件。

> ✏️ **小结**
>
> 本单元主要介绍了 Adobe Flash CC 中紧贴至对象的应用,学习了 Adobe Flash CC 中注册点、中心点等的相关知识,重点讲述了翻转动画、转动动画的设置和使用方法,并通过两个实际动画处理任务,学习了部分变形工具、任意变形工具、紧贴至对象等工具的使用,最后完成了两个实际的动画制作任务。

习 题

一、填空题

1. 在 Flash 时间轴上选取连续的多帧或选取不连续的多帧时,分别需要按下_____键和_____键后,再使用鼠标进行选取。

2. 在 Flash 中,打开"缩放和旋转"对话框的快捷键是_____,保存当前文件的快捷键是_____。

二、选择题

1. Flash 作品之所以在 Internet 上广为流传,是因为采用了_____技术。

A. 矢量图形和流式播放　　　　　　　B. 音乐、动画、声效

C. 多图层混合　　　　　　　　　　　D. 多任务

2. 下列关于元件和元件库的叙述,不正确的是_____。

A. Flash 中的元件有三种类型

B. 元件从元件库拖到工作区就成了实例,对实例可以进行复制、缩放等各种操作

C. 对实例的操作,元件库中的元件会同步变更

D. 对元件的修改,舞台上的实例会同步变更

三、判断题

1. Flash 中的图层可以被复制,图层中的帧也可以被复制。　　　　　　　(　　)

2. 缩放对象就是将选中的图形对象按比例放大或缩小,也可在水平方向及垂直方向分别放大或缩小。　　　　　　　　　　　　　　　　　　　　　　　(　　)

四、简答题

补间动画有几种类型?各有什么特点?

五、操作题

请根据学习、生活实际,自行设计制作一个综合转动动画作品。

参考文献

李建芳.多媒体技术与应用[M].北京：清华大学出版社,2016.

庞松鹤.Photoshop 平面设计与制作[M].北京：清华大学出版社,2016.

张振宇.多媒体技术与应用[M].4 版.北京：科学出版社,2015.

赵勤,张俊杰.Flash 动画与网页创意设计[M].南京：南京大学出版社,2017.

赵洛育.Premiere Pro CS6 影视编辑实例教程[M].北京：清华大学出版社,2014.

钟玉琢.多媒体技术基础及应用[M].北京：清华大学出版社,2015.